面向21世纪课程教材
Textbook Series for 21st Century

农业气象实习指导

（修订版）

姚渝丽　段若溪　田志会　主编

气象出版社
China Meteorological Press

内容简介

本书分为八章,主要内容包括:常规人工气象观测仪器的用途、构造原理及使用方法;常规地面气象要素观测和农业气象观测的基本原则和观测方法;仪器维护(包括农业小气候观测仪器);气候资料的基本整理、统计及其分析应用方法;自动气象观测系统和现代农业气象观测系统的相关知识。本书可供高等农林院校非农业气象专业学生使用,也可供环境、生态、地理及其他相关专业人员使用。

图书在版编目(CIP)数据

农业气象实习指导 / 姚渝丽,段若溪,田志会主编. —2版(修订本). —北京:气象出版社,2016.1(2022.1重印)
ISBN 978-7-5029-6329-3

Ⅰ. ①农… Ⅱ. ①姚… ②段… ③田… Ⅲ. ①农业气象－高等学校－教学参考资料 Ⅳ. ①S16

中国版本图书馆 CIP 数据核字(2016)第 000793 号

农业气象实习指导(修订版)
Nongye Qixiang Shixi Zhidao(Xiudingban)

出版发行:	气象出版社		
地　　址:	北京市海淀区中关村南大街 46 号	邮政编码:	100081
电　　话:	010-68407112(总编室)　010-68408042(发行部)		
网　　址:	http://www.qxcbs.com	E-mail:	qxcbs@cma.gov.cn
责任编辑:	王元庆	终　　审:	黄润恒
封面设计:	博雅思企划	责任技编:	赵相宁
印　　刷:	三河市百盛印装有限公司		
开　　本:	720 mm×960 mm　1/16	印　　张:	9
字　　数:	171 千字		
版　　次:	2016 年 3 月第 2 版	印　　次:	2022 年 1 月第 5 次印刷
定　　价:	18.00 元		

本书如存在文字不清、漏印以及缺页、倒页、脱页等,请与本社发行部联系调换。

《农业气象实习指导》(修订版)编委会

主　编　姚渝丽　段若溪　田志会
编　委　(按姓氏笔画排序)
　　王向阳　王春华　田志会　胡晓棠　江　敏
　　段若溪　姚渝丽　凌霄霞　郭　巍　蒋跃林
主　审　李建宇

《农业气象实习指导》（修订版）参编单位

（以单位笔画排序）

中国农业大学　（段若溪）
北京农学院　　（田志会）
石河子大学　　（胡晓棠）
华中农业大学　（凌霄霞）
吉林农业大学　（姚渝丽、郭　巍）
安徽农业大学　（蒋跃林）
黄山学院　　　（王向阳）
福建农林大学　（江　敏）
新疆农业大学　（王春华）

前　言

"面向21世纪课程教材"《农业气象实习指导（修订版）》是高等农林院校农学、林学、植保、园艺、园林、资环、农业技术推广等专业开设的农业气象实验和实习课程教材。也是"面向21世纪教材"《农业气象学》的配套教材。本教材是在2002年出版的"面向21世纪教材"《农业气象实习指导》基础上重新修订的。

2002年出版的"面向21世纪教材"《农业气象实习指导》出版以来，经过多次印刷，在全国数十所高等农林院校使用了15年，广大师生在教学实践过程中，对本教材给予了充分的肯定，先后获得各种奖项。

在工业自动化控制技术基础上发展起来的气象自动观测技术日趋完善，致使气象综合观测系统建设快速发展，全国地面气象观测站已经全部完成自动气象站的建设，气象观测从由观测人员的人工观测、自记观测发展到现在的由仪器自动观测、自动记录和自动传输，做到了不需要人工干预自动完成观测任务。观测员的工作也转变为全面掌握地面气象要素的自动观测方法，熟悉观测仪器及其原理，以及对仪器设备的正确使用和维护，保证地面气象观测系统的稳定可靠运行。同样，农业气象观测也由人工观测逐步发展成为自动观测。

气象与农业气象观测手段发生了革命性的变化，我国气象教学改革也取得了显著的进展。为了适应当前教学改革的需要，反映本门学科的新成就，有必要对原有教材的内容进行修改和更新。

农业气象学属于交叉应用型学科。农业气象观测是农业气象工作的基本方法和必要手段，也是分析农业气象要素与农业生产的关系、开展农业气象工作的基础。农业气象学实验实习是农业气象学教学的重要环节，从学科的要求出发，气象观测对观测环境、观测仪器、操作方法、观测时间等方面有严格的要求和统一的标准。因此，该教材强调知识与技能并重，在某些方面更侧重对学生观测技术技能的培养。

本修订教材以上述内容为指导思想，依据"兼顾历史加强基础，立足当前突出重点，面向未来发展趋势"的原则，对教材进行重新修订。编写中在保持原教材合理性和具有一定知识储备特点的同时，删除了部分过时的和适用性不强的内容，添加了在实际工作中易出现的情况及其应对处理的相关内容，增强了教材的实用性。为与现代气象观测相适应，将新知识、新技术纳入了教材编写的内容。

目前气象观测站都执行自动气象观测，全国仅有 8 个基准站为了观测比较，在执行自动观测的同时也进行人工观测。但人工观测是气象观测的基础，考虑到使用该教材对象的特点、知识应用领域和课程学时的实际情况，本教材侧重于人工观测内容，突出农业气象观测原则和相关观测手段。同时根据气象与农业气象观测的发展趋势，介绍了当今气象及农业气象的自动观测知识。

《农业气象实习指导（修订版）》共分八章，第一章至第五章主要介绍了气象观测场建设，农业气象观测原则和基本地面气象要素的人工观测方法，气象仪器的安装和维护要点。第六章介绍了农业小气候调查内容及方法。第七章介绍了气候资料整理、统计及其分析和应用方面的知识。第八章介绍了自动气象观测系统和现代农业气象观测系统。各学校可根据自身情况，自行设计实习作业本。

该教材是在征求了广大教师在教学实践中提出的宝贵意见基础上，结合农业气象实践教学改革成果加以修改的。编写人员由在教学第一线从事多年教学工作，并主持和参加过农业气象教学改革课题的教师共同努力完成的，是集体智慧的结晶。在教材修订过程中也得到了工作在气象观测第一线的同仁指导，湖南省气象局李建宇对该教材进行了审稿，湖南省气象局戴泽亮、湖北省襄阳市气象局周羽、广西壮族自治区气象局孙晗、吉林省气象局葛春凤均对教材的编写提出了具体的修改意见。在此一并致谢。但由于编者水平有限，虽力求完善，仍难免有许多不足和缺点，希望读者加以指正。

编者

2015 年 5 月

目 录

前 言
第一章 地面气象观测与农业气象观测 …………………………………… 1
　第一节　地面气象观测场建设 …………………………………………… 1
　　一、地面观测场环境要求 ………………………………………………… 1
　　二、观测场建设 …………………………………………………………… 1
　　三、观测场南北线的确定 ………………………………………………… 5
　　四、观测场地、设备的维护 ……………………………………………… 5
　第二节　地面气象观测 …………………………………………………… 6
　　一、观测方式、观测项目和观测程序 …………………………………… 6
　　二、各观测项目的记录单位及记录要求 ………………………………… 6
　　三、观测员的基本守则 …………………………………………………… 7
　第三节　农业气象观测 …………………………………………………… 7
　　一、农业气象试验站的观测任务 ………………………………………… 7
　　二、农业气象观测的基本要求 …………………………………………… 8

第二章　辐射和日照时数的测定 …………………………………………… 9
　第一节　辐射的测量 ……………………………………………………… 9
　　一、气象观测中辐射的测量单位 ………………………………………… 9
　　二、常用辐射表的构造及测量原理 ……………………………………… 9
　　三、常用辐射测量仪器 …………………………………………………… 10
　　四、辐射仪器的安装 ……………………………………………………… 13
　　五、其他仪器 ……………………………………………………………… 14
　第二节　日照时数的观测 ………………………………………………… 17
　　一、暗筒式日照计 ………………………………………………………… 17
　　二、直接辐射日照计 ……………………………………………………… 18
　　三、日照时数传感器 ……………………………………………………… 18
　第三节　仪器的维护 ……………………………………………………… 18

一、辐射表的维护 …………………………………………… 18
二、照度计的维护 …………………………………………… 19

第三章 空气温、湿度与土壤温度的观测 …………………………… 20
第一节 气象观测常用的测温仪器 ………………………………… 20
一、玻璃液体温度表 ………………………………………… 20
二、温度计 …………………………………………………… 22
三、气象观测场测温仪器的安装、观测方法与维护 ……… 23
第二节 空气湿度观测 ……………………………………………… 28
一、干湿球温度表 …………………………………………… 29
二、通风干湿表 ……………………………………………… 31
三、毛发湿度表 ……………………………………………… 32
四、毛发湿度计 ……………………………………………… 33
第三节 湿度查算表的使用方法 …………………………………… 34
一、湿度查算表介绍 ………………………………………… 34
二、查算方法 ………………………………………………… 34
第四节 仪器设备的维护和使用注意事项 ………………………… 35
一、温度表的维护 …………………………………………… 35
二、温度观测中常见故障及处理方法 ……………………… 36
三、测湿仪器维护 …………………………………………… 36

第四章 气压、风的观测 ……………………………………………… 38
第一节 气压观测 …………………………………………………… 38
一、动槽式水银气压表 ……………………………………… 38
二、空盒气压表 ……………………………………………… 41
三、气压计 …………………………………………………… 42
第二节 风的观测 …………………………………………………… 43
一、观测项目 ………………………………………………… 43
二、观测方法 ………………………………………………… 44
第三节 仪器维护及注意事项 ……………………………………… 49
一、气压观测仪器的维护 …………………………………… 49
二、测风仪器维护 …………………………………………… 50

第五章 降水、蒸发和云的观测 ········· 51
第一节 降水的观测 ········· 51
一、降水量、降水强度划分 ········· 51
二、降水量的测定 ········· 52
第二节 蒸发量的观测 ········· 55
一、小型蒸发器 ········· 55
二、E-601B 型蒸发器 ········· 56
第三节 云的观测 ········· 57
一、云的分类及云状的观测 ········· 57
二、云量 ········· 58
第四节 仪器维护及注意事项 ········· 59
一、降水仪器的维护 ········· 59
二、蒸发仪器的维护 ········· 59

第六章 农业小气候观测 ········· 61
第一节 农田小气候观测 ········· 61
一、农田小气候观测的一般原则 ········· 61
二、测点布置、观测高度和仪器安装 ········· 62
三、观测方法 ········· 65
四、观测顺序 ········· 69
五、重复读数 ········· 70
第二节 温室小气候观测 ········· 70
一、温室小气候观测项目 ········· 70
二、观测点及观测高度的选择 ········· 70
三、温室中 CO_2 浓度的观测 ········· 71

第七章 气象资料的统计、整理与分析 ········· 72
第一节 气象观测资料的整理与统计 ········· 72
一、月地面气象记录处理和报表编制 ········· 72
二、风速和风向频率（玫瑰）图的绘制 ········· 75
第二节 农业气候资料整理与分析 ········· 76
一、界限温度起止日期、持续时间、积温求算 ········· 76
二、频率、变率和保证率 ········· 80

三、气候等值线图分析 ………………………………………………… 87

第八章 现代气象观测系统简介 ………………………………………… 89
第一节 自动气象观测系统 ……………………………………………… 89
一、自动气象站系统结构 ……………………………………………… 90
二、自动气象站的主要功能 …………………………………………… 91
三、传感器 ……………………………………………………………… 92
四、数据采集器 ………………………………………………………… 102
五、外部设备 …………………………………………………………… 103
第二节 现代农业气象综合观测系统 …………………………………… 103
一、农业气象自动化观测的需求 ……………………………………… 103
二、自动化农业气象观测装置与实现技术 …………………………… 105
第三节 农业小气候自动综合观测系统 ………………………………… 108
一、农田小气候观测仪 ………………………………………………… 108
二、设施农业小气候监测系统 ………………………………………… 109
三、土壤水分观测 ……………………………………………………… 112

参考文献 ………………………………………………………………………… 116
附表1 可照时数表 …………………………………………………………… 117
附表2 空气相对湿度查算表（利用干湿球温度表）……………………… 121
附表3 空气相对湿度查算表（利用通风干湿表）………………………… 127
附表4 地面气象观测月报表 ………………………………………………… 133

第一章　地面气象观测与农业气象观测

地面气象观测是气象工作的基础,基本任务是观测、记录处理和编发气象报告。为天气预报、气候及农业气候分析、气象服务提供重要的依据。按承担的观测业务属性和作用,地面气象观测站分为国家基准气候站(基准站)、国家基本气象站(基本站)、国家一般气象站(一般站)。

国家基准站是为获取具有充分代表性的长期、连续气候资料而设置的气候观测站,是国家气候站网的骨干。基本站是根据全国气候分析和天气预报的需要所设置的地面气象观测站,是国家天气气候站网的主体。一般站主要是按省(区、市)行政区划设置的地面观测站,获取的观测资料主要用于本省(区、市)和当地的气象服务,也是国家天气气候站网的补充。

地面气象观测分为人工观测和自动观测两种方式。人工观测包括人工目测和人工器测。

第一节　地面气象观测场建设

一、地面观测场环境要求

地面气象观测场是获取地面气象资料的主要场所,应设在能较好地反映本地较大范围的气象要素特点的地方,避免局部地形的影响。观测场四周必须空旷平坦,避开地方性雾、烟等大气污染严重的地方。观测场的周围环境应符合《中华人民共和国气象法》和中国气象局令第 7 号《气象探测环境和设施保护办法》。

二、观测场建设

1. 观测场的规格和要求

地面气象观测场一般为东西、南北向,大小为 25 m×25 m 的平整场地。确因条件限制,也可取 16 m(东西向)×20 m(南北向);有辐射观测的观测场应为 35 m(南北向)×25 m(东西向)。受条件限制的高山站、海岛站、无人站和一般站,观测场大小以满足仪器设备的安装为原则。

观测场四周设置约 1.2 m 高的白色稀疏围栏,围栏的门开在北面。围栏上不得生长蔓生植物,以保持气流畅通。场内尽可能保持自然草层,草高不超过 20 cm。场内要铺设 0.3~0.5 m 宽的小路(不能用沥青铺面),观测人员只允许在小路上行走。观测场必须配置符合气象行业规定的防雷设施。

2. 观测场内仪器设施的布置

观测场内仪器设施布置的基本原则是各仪器互不影响,便于观测操作。具体要求如下:

(1)高的仪器安置在北面,低的仪器顺次安置在南面。各种仪器东西排列成行,南北布设成列,仪器间东西间距不小于 4 m,南北间距不小于 3 m。仪器距围栏不小于 3 m。

(2)仪器安置在紧靠东西向小路的南侧,观测员从北面接近仪器。观测场内各类仪器布置可参考图 1-1。

(3)因条件限制不能安装在观测场内的辐射观测仪器及风观测仪器可安装在天空条件符合要求的屋顶平台上,反射辐射和净全辐射观测仪器安装在符合条件的有代表性下垫面的地方。

(4)各类仪器安置高度、深度、方位、纬度、角度的要求及其基准部位,应符合《地面气象观测规范》的要求。详见表 1-1。

表 1-1 仪器安装要求表

仪器	要求与允许误差范围		基准部位
干湿球温度表	高度 1.50 m	±5 cm	感应部分中心
最高温度表	高度 1.53 m	±5 cm	感应部分中心
最低温度表	高度 1.52 m	±5 cm	感应部分中心
温度计	高度 1.50 m	±5 cm	感应部分中部
湿度计	在温度计上层横隔板上		
毛发湿度表	上部固定在温度表支架的横梁上		
温湿度传感器	高度 1.50 m	±5 cm	感应部分中部
雨量器	高度 70 cm	±3 cm	口缘
虹吸式雨量计	仪器自身高度		
翻斗式遥测雨量计	仪器自身高度		
雨量传感器	高度不得低于 70 cm		口缘

续表

仪器	要求与允许误差范围	基准部位
小型蒸发器	高度 70 cm　　　　　±3 cm	口缘
E601B 型蒸发器	高度 30 cm　　　　　±1 cm	口缘
地面温度表（传感器）	感应部分和表身埋入土中一半	感应部分中心
地面最高、最低温度表	感应部分和表身埋入土中一半	感应部分中心
曲管地温表（浅层地温传感器）	深度 5 cm、10 cm、15 cm、20 cm　±1 cm 倾斜角 45°（曲管地温表）　　　±5°	感应部分中心表身与地面
直管地温表（深层地温传感器）	深度 40 cm、80 cm　　　　±3 cm 深度 160 cm　　　　　　　±5 cm 深度 320 cm　　　　　　　±10 cm	感应部分中心 感应部分中心 感应部分中心
冻土器	深度 50～350 cm　　　　　±3 cm	内管零线
日照计（传感器）	高度以便于操作为准 纬度以本站纬度为准　　　±0.5° 方位正北　　　　　　　　±5°	底座南北线
辐射表（传感器）	支架高度 1.50 m　　　　　±10 cm 直射、散射辐射表： 方位正北　　　　　　　　±0.25° 直接辐射表： 纬度以本站纬度为准　　　±0.1°	支架安装面 底座南北线
风速器（传感器）	安装在观测场高 10～12 m	风杯中心
风向器（传感器）	安装在观测场高 10～12 m 方位正南　　　　　　　　±5°	风标中心 方位指南杆
电线积冰架	上导线高度 220 cm　　　　±5 cm	导线水平面
定槽水银气压表	高度以便于操作为准	水银槽盒中心
动槽水银气压表	高度以便于操作为准	象牙针尖
气压计（传感器）	高度以便于操作为准	
采集器箱	高度以便于操作为准	

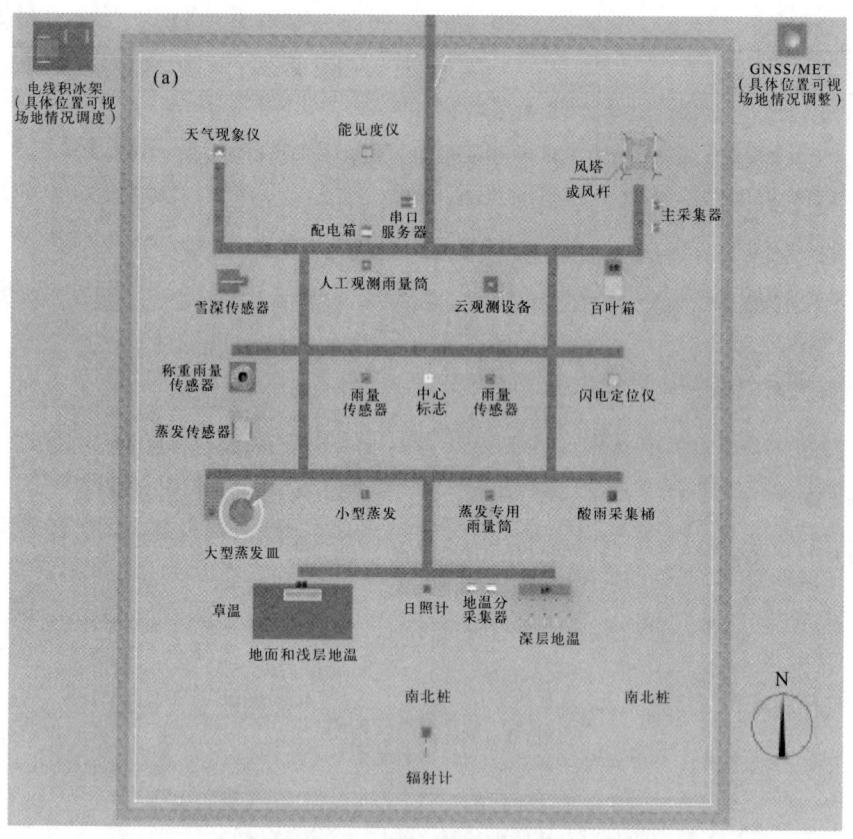

图 1-1 (a)地面气象观测场仪器布置规划平面图;(b)地面观测场整体鸟瞰效果图

三、观测场南北线的确定

观测场内某些仪器和设备,要求必须正南正北,即沿当地子午线的方向安置。因此,要进行方向测定。测定方向的方法很多,在此仅介绍太阳定位法:选择晴天的上午,在地面上垂直地竖立一根约 2m 长的木杆。立杆以后,在地面可看到杆的影子,见图 1-2。这时,以杆所在位置 O 点为中心,以影长为半径画半圆弧,并在当时杆影的顶端与圆弧相交的地方作一个标记 A,等到下午当木杆的影子由短增长到刚好杆影顶端与圆弧又一次相交时,再作一个标记 B。连接 A、B 两点成一直线,再从木杆所在位置 O 向 AB 做作垂直线,这条垂直线就是当地的南北线。木杆所在一方为南,另一方为北。根据这条南北线,就可确定仪器的安置方位(图 1-2)。

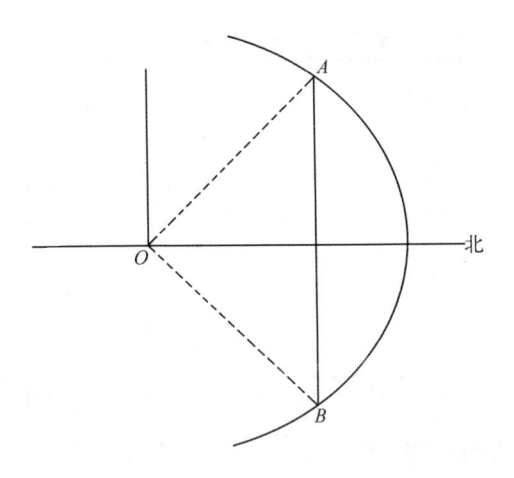

图 1-2 太阳定位法

四、观测场地、设备的维护

保护观测场地和周围环境是取得正确观测数据的重要保证。对观测仪器定期进行检查、清洁和维护,发生故障要及时排除或更换。保持场内整洁,及时清理观测场内的树叶、纸屑等杂物。有积雪时,可清除小路上的积雪,其他地方应保持场地积雪的自然状态。经常检查百叶箱、风向杆、围栏是否牢固并保持洁白。

第二节 地面气象观测

一、观测方式、观测项目和观测程序

1. 观测方式和观测项目

地面气象观测分为人工观测(人工目测和器测)和自动观测两种方式。为积累气候资料按规定的时次进行的观测称为定时气象观测。自动观测项目每天进行24次定时观测；人工观测项目,昼夜守班站每天02时、08时、14时、20时四次定时观测,白天守班站每天08时、14时、20时三次定时观测。观测项目见表1-2。为农业生产服务的气象站,也可3次定时观测与农业生产有关的气象要素。

表 1-2 定时人工观测项目

时间	北京时				真太阳时
	02时、08时、14时、20时	08时	14时	20时	日落后
观测项目	云 能见度 气压 气温 湿度 风向、风速 0~40 cm地温	降水量 冻土 雪深 雪压	80~320 cm 地温 地面状态	降水量 蒸发量 最高、最低气温 最高、最低地面温度	每天日照时数

说明:未使用自动气象站的基准站除02时、08时、14时、20时外,其他正点时次还需观测压、温、湿、风

2. 人工观测方式的观测程序

观测员在观测时应按照下列程序进行观测：
(1)正点前30分钟左右巡视观测场和人工仪器设备。
(2)正点前15分钟至正点观测云、能见度、空气温度和湿度、降水、风向和风速、气压、地温、雪深等发报项目,连续观测天气现象。
(3)雪压、冻土、蒸发、地面状态等项目的观测可在正点前20分钟至正点后10分钟内进行。

二、各观测项目的记录单位及记录要求

在地面基本气象观测、小气候观测及农业气象要素观测中,对观测要素的取舍及观测准确度的要求有差异。但观测记录单位要统一,记录精度要求也要基本相同(表1-3)。

表 1-3　主要气象要素记录单位和精度要求

气象要素	单位	精度	气象要素	单位	精度
辐照度	W/m²	取整数	降水、蒸发	mm	0.1
温度	℃	0.1	风速	m/s	0.1
日照百分率	%	取整数	气压、水汽压、饱和差	hPa	0.1
空气相对湿度	%	取整数			
风向频率					

三、观测员的基本守则

1. 观测员应有强烈的责任心，熟练掌握地面气象观测技术，坚守工作岗位。

2. 观测员应熟悉观测规范，不得缺测、漏测、迟测。坚持实事求是，只能记载自己亲眼看到的观测数据和天气现象，不得涂改、伪造观测记录。禁止用任何估计或揣测的办法来代替实际观测。

3. 观测结果应立即用黑色铅笔记入观测记录簿中，记录字迹工整。并向微机输入人工观测数据。

第三节　农业气象观测

农业气象观测属于生态观测的范畴，它包括农作物生长环境中的物理要素(气象要素与有关土壤要素)和生物要素的观测。气象部门有国家一级农业气象试验站(由中国气象局统一规划布局)和二级农业气象试验站(由各省(区、市)气象局根据当地需要设立)，组成农业气象基本观测网。农业气象试验站是农业气象服务体系的重要组成部分，是农业气象科技研发、中试和推广应用的重要平台，也是气象为农服务工作的重要基础支撑。

一、农业气象试验站的观测任务

各农业气象试验站应根据在站网中的定位及服务需求，不同程度地承担农业气象观测、农业气象试验研究、农业气象科研成果示范推广、农业气象服务等任务。

农业气象试验站的基本工作是开展常规农业气象观测。农业气象观测和普通的气象观测相比，在观测项目、观测次数和观测时间上都有显著差别。同时，由于农业气象观测目的、任务和具体条件的不同，观测项目、仪器设置及观测次数和时间都可以不同。

二、农业气象观测的基本要求

1. 平行观测原则

平行观测是农业气象观测必须遵守的基本原则,即在进行作物生长环境物理要素观测的同时,还要进行作物生长发育状况的同步观测。气象台站的基本气候观测,可作为平行观测的气象部分(必要时可进行农业小气候观测)。作物观测地段的气象条件与观测场应保持一致。

2. 点面结合的方法

有相对固定的,能够代表同一种作物类型状况的观测地段。还应在作物生长、发育的关键时期和发生较大气象灾害时进行较大范围的农业气象调查。

3. 观测工作的科学性、连续性、长期性和可行性

农业气象试验站观测地段和观测项目要相对稳定,观测项目、标准和方法及使用仪器等应科学合理,以确保观测资料的科学性、代表性、可比性、连续性。

复习思考题

1. 观测场选址应注意哪些问题?
2. 观测场内仪器应如何布置?
3. 地面气象观测主要包括哪些内容?
4. 地面气象观测的基本程序是什么?
5. 农业气象观测的基本要求有哪些?

第二章　辐射和日照时数的测定

太阳辐射以两种方式到达地面,一是以平行光的形式直接投射到地面上,称为太阳直接辐射;一是经过质点散射后,以散射光的形式投射到地面上,称为散射辐射,两者之和为到达地面的太阳总辐射。日照时数也称日照时间,指太阳在一地实际照射地面的时数,即投射到观测地点的太阳直接辐照度$\geqslant 120$ W/m² 的累积时间。

第一节　辐射的测量

气象站的辐射测量,包括太阳辐射与地球辐射两部分。太阳辐射是太阳发射的能量。地球辐射是地球表面以及大气、气溶胶和云层所发射的长波辐射,波长范围为 $3\sim 100$ μm。

目前,气象站主要观测的有 $0.27\sim 3.2$ μm 范围的太阳短波辐射,另外,还分别测量直接辐射、散射辐射、反射辐射和净全辐射。

一、气象观测中辐射的测量单位

1. 辐照度(E):单位时间内投射到单位面积上的辐射能,即观测到的瞬时值。单位为 W/m²(瓦/平方米),取整数。在早期的气象文献中,单位为 cal/(cm² · min),即,卡/(平方厘米 · 分)。1 cal/(cm² · min)=697.8 W/m²。

2. 曝辐量(H):指一段时间(如一天)辐照度的总量或称累计量。单位为 MJ/m²(兆焦耳/平方米),取两位小数。其中,1 MJ=10^6 J=10^6 W · s。

3. 光照度:单位面积上所接受的光通量的大小,单位为 lx(勒克斯)。

二、常用辐射表的构造及测量原理

我国气象站使用的辐射表都是热电型的,由感应面与温差电堆组成。辐射表与测量仪表构成一套辐射仪器。

辐射表感应面是一金属薄片,涂上吸收率很高、光谱响应好的无光黑漆(或是黑、白漆相间的感应面)。感应元件为快速响应的线绕电镀式热电堆,涂黑一面称为热接点,没有涂黑一面称为冷接点(图 2-1)。为了增大仪器的灵敏度,热电堆由康铜丝绕在骨架上,其中一半镀铜,形成几十对串联的热电偶。

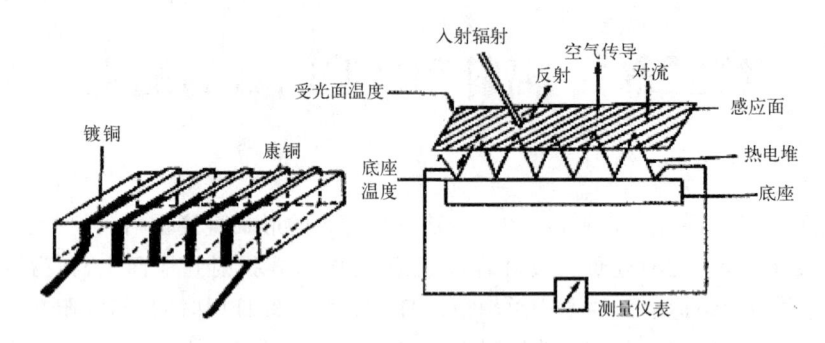

图 2-1　热电型辐射表原理图

当辐射表对准辐射源(太阳),热接点与冷接点产生温差电动势。输出的电动势与辐照度成正比,这种因辐射产生的电动势用仪表测量,经过换算后可得到辐照度的测量值。因此,辐射仪器需与相应的指示或记录仪器配套使用。

三、常用辐射测量仪器

目前台站总辐射、散射辐射和反射辐射多使用 TBQ-2-B 型辐射表,直接辐射使用 TBS-2-B 型直接辐射表,净全辐射使用 FNP-2 型、TBB-1 型净全辐射表。

1. 总辐射表(天空辐射表)

总辐射是辐射观测最基本的观测项目,用总辐射表测量。该辐射表是用于测量波长为 0.27～3.2 μm 太阳总辐射的一级表,由感应元件、玻璃罩和附件组成。见图 2-2。

图 2-2　总辐射表

感应元件是该表的核心部分，它由快速响应的线绕电镀式热电堆组成。感应面对着太阳一面涂有无光黑漆，为热电堆的热接点，当有阳光照射时温度升高，它与另一面的冷接点形成温差电动势，该电动势与太阳辐照度正比。

玻璃罩为半球形双层石英玻璃构成。它既能防风，又能透过波长 0.27～3.2 μm 范围的短波辐射。

附件包括机体、干燥器、白色挡板、底座、水准器和接线柱等。此外，还有保护玻璃罩的金属盖(保护罩)。干燥器内装干燥剂(硅胶)与玻璃罩相通，保持罩内空气干燥。白色挡板挡住太阳辐射对机体下部的加热，又防止仪器水平面以下的辐射对感应面的影响。底座上设有安装仪器用的固定螺孔及调整感应面水平的三个调节螺旋。

2. 直接辐射表

直接辐射表用以测量太阳光谱范围为 0.27～3.2 μm 的太阳直接辐射量。由进光筒、感应件、跟踪架及附件组成(图 2-3)。

图 2-3 直接辐射表

自动跟踪装置由底板、纬度架、电机等组成。电机是动力源，并由电机控制器控制操作，可使进光筒自动跟踪太阳位置。该跟踪装置精度高，只要正确安装，即可实现准确的自动跟踪。

3. 散射辐射表与反射辐射表

散射辐射和反射辐射都是短波辐射。这两种辐射均用总辐射表配上有关部件来进行测量。

散射辐射表由总辐射表和遮光环两部分组成。遮光环的作用是保证从日出到日落能连续遮住太阳直接辐射。它由遮光环圈、标尺、丝杆、调整螺旋、支架、底盘等组成(图 2-4)。

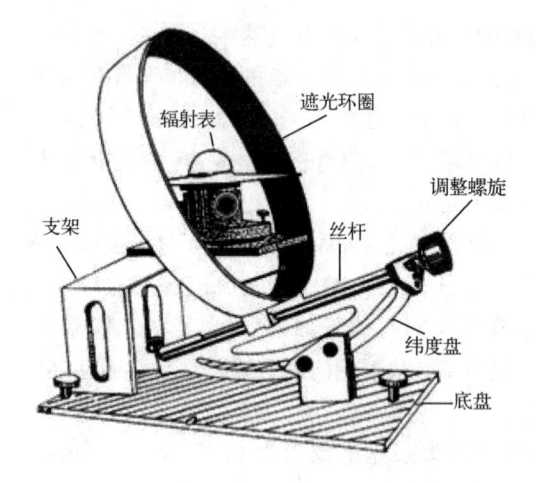

图 2-4　散射辐射表

总辐射表感应面朝下所接收的辐射即为反射辐射。此时总辐射表就称为反射辐射表。

4. 净全辐射表

由天空(包括太阳和大气)向下投射的和由地表(包括土壤、植物、水面等)向上投射的全波段辐射量之差称为净全辐射,简称净辐射,也称为辐射平衡或辐射差额。净辐射是供给蒸发和蒸腾、土壤和空气的热通量交换以及光合作用的有效能量源泉,因此,净辐射是一项重要的辐射观测内容。

净全辐射表(辐射平衡表)用于测量天空(太阳、大气)向下与下垫面(土壤、植物、水面等)向上发射的辐照度的差值。由感应元件、滤光罩、附件等部件组成。TBB-1 型净辐射表是在传统净辐射表基础上开发的一款新型净辐射表,见图 2-5。该仪器采用新型 PV 透光材料做为滤光罩,解决了传统净辐射表需要经常用气球对其充气、聚乙烯透光膜经常更换、密封性能不好、容易进水等缺点。

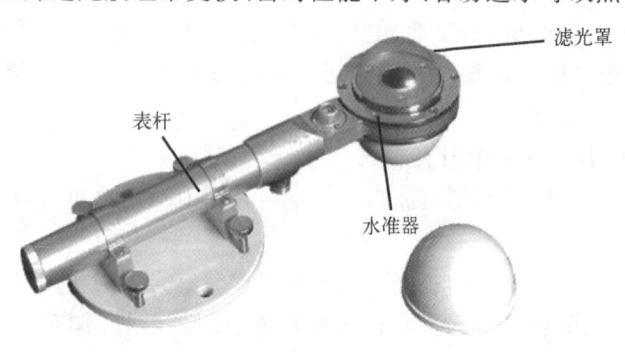

图 2-5　TBB-1 型净全辐射表

目前台站使用自动观测系统进行辐射观测。辐射表(辐射传感器)与数据采集器相连,并通过采集器通信接口将观测数据传送给连接的终端设备,便可获取辐射观测资料(参看第八章)。

感应元件由涂有无光黑漆的上下感应面和热电堆组成。由于上下感应面吸收的辐射不同,使热电堆两端形成温度差异,其输出的温差电动势与接受的辐照度差值成正比。当太阳辐射大于地面辐射时输出为正,反之为负。

四、辐射仪器的安装

辐射仪器一般要求安装在气象观测场地的南面中部。测量来自天空的各种辐射时,仪器四周不能有任何障碍物影响。测量来自地面的各种辐射时,要求有一个空旷、无障碍物、有代表性的下垫面。辐射表安装在有固定支架的平台上,平台离地面 1.5 m 高。

1. 总辐射表的安装

安装时,先把总辐射表的白色挡板卸下,再将总辐射表安装在台架上,接线柱方向朝北。用 3 个螺钉将仪器固定在台柱上,然后利用仪器上所附的水准器,调整底座上 3 个螺母,使总辐射表的感应面处于水平状态,最后将白色挡板安装上。

2. 反射辐射表的安装

仪器感应面朝下安装并调节水平,白色挡板卸下后一定要与感应面反向安装,否则降雨时,雨水将聚在白色挡板上,流入感应元件,从而损坏仪器。

3. 散射辐射表的安装

散射辐射表是由总辐射表和遮光环两部分组成,辐射表安置在遮光环的底座上,方法与总辐射表安装相同。遮光环必须将传感器感应面全部遮住,方法如下:

(1)遮光环架安装在台架上。底盘边缘对准南北向,使仪器标尺指向正南北,再用水平尺和底板 3 个调节螺旋调水平后固定;

(2)根据当地的地理纬度,固定标尺位置;

(3)总辐射表水平置于遮光环平台上,使感应面位于环中心位置;

(4)按当日太阳赤纬将遮光环调到相应位置,使遮光环恰好全部遮住感应面和玻璃罩。

4. 直接辐射表的安装

安置地方要保证在所有季节和时间内(从日出至日落)太阳直射光不受任何影响。如有障碍物在日出日落方向,其高度角不超过 5°。直接辐射表的跟踪精度与仪器的安装是否正确关系极为密切,必须要做到调好纬度角、南北向、水平以及太阳倾角和时间。调节太阳倾角调整旋钮和时间刻度盘时,当使光筒上的光点正好落在光筒小孔的中央即调整到位。此时仪器的倾角与时间刻度即为当时的太阳倾角和时间(真太阳时)。直接辐射表安装好后,应试跟踪几天检查是否准确,如果跟踪误差大于 0.5°,应反复调整,直至达到要求为止。

5. 净全辐射表的安装

安装净全辐射表的架子是由台柱和伸出的长臂组成,长臂的末端固定净全辐射表,牢固不能摆动,长臂水平方向朝南,表的底板用不锈钢螺钉固定在金属板上,用调整螺钉将感应面调水平,同样接线柱方向朝北。

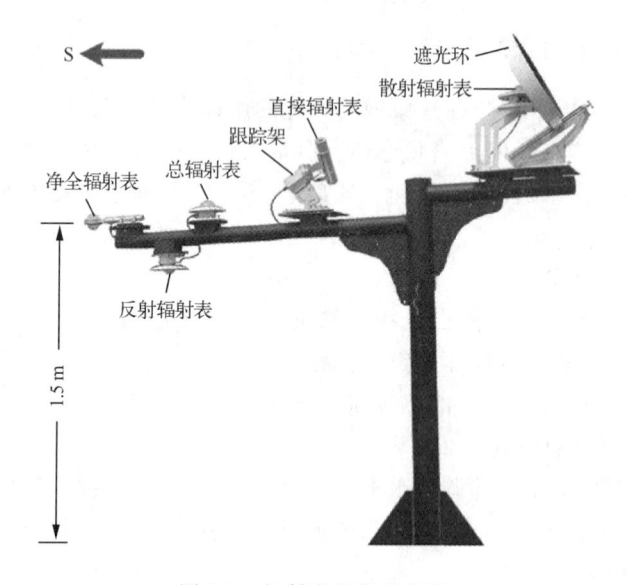

图 2-6　辐射表安装示意图

五、其他仪器

在农业科研和生产中,除了台站辐射观测项目使用的辐射仪器外,根据观测目的需要,也使用光合有效辐射表(测量光合有效辐射)、照度计(测量可见光的光照度)等。

这类传感器多为光电型辐射传感器,即是利用某些物体受辐射照射后,引起物体电学性质的改变,即发生"光电效应"而制作的元件,因此,光电型辐射传感器的响应时间较短,灵敏度高。

1. 光合有效辐射表

光合有效辐射表的测量原理是采用硅光探测器,通过一个波长为 400~700 nm 的光学滤光器,当有光照时,产生一个与入射辐射强度成正比的电压信号,并且其灵敏度与入射光的直射角度的余弦成正比,可以直接读出单位为 $\mu mol/(m^2 \cdot s)$ 的测量数值。

光合有效辐射表主要用于测量陆地环境中 400~700 nm 波长范围内太阳光的光合有效辐射,而且使用简单,可直接与数字辐射电流表或数据采集器相连,广泛应用于农业气象、农作物生长、生态学的研究(图 2-7)。

图 2-7　光合有效辐射表

2. 数字式辐射电流表

数字式辐射电流表是与太阳辐射表配套使用的二次仪表。

(1)TBQ-SL 型数字式太阳辐射电流表

TBQ-SL 型数字式太阳辐射电流表可测定辐射表产生的温差电动势,并将测得数据经过内部换算后,直接显示测量得到的太阳辐射瞬时值。具有便携式设计,性能稳定,功能丰富等特点,适应在野外观测中使用(图 2-8)。

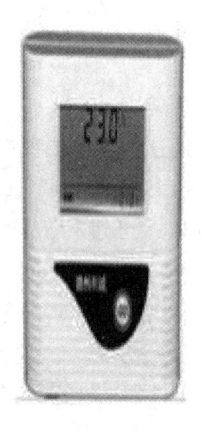

图 2-8　TBQ-SL 型数字式太阳辐射电流表

(2)TBQ-DL 型数字式辐射电流表

TBQ-DL 型数字式辐射电流表由 LCD 显示屏、电源开关和数据保持开关等组成。将其测得数据经过换算后,即为太阳辐射值(W/m^2)。见图 2-9。

辐射瞬时值(W/m^2)=辐射电流表显示值(mV)×1000/辐射表灵敏度。

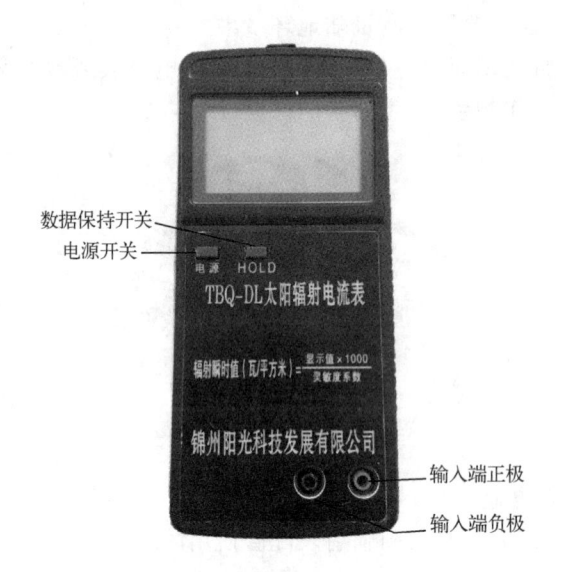

图 2-9　TBQ-DL 型数字式辐射电流表

(3)观测方法

①在着手进行各种辐射观测之前,首先应记录日光状况,即云遮蔽日光的程度,可用下列符号记录:

　　a.☉²——无云;b.☉——薄云、影子明显;c.☉⁰——密云、影子模糊;d.Ⅱ——厚云、无影子。

②将辐射表与辐射电流表相连接(注意正负极不要连接错了)。因为辐射电流表显示的是辐射瞬值,所以观测时,每个测点读取三个数值取平均。在辐射变化较大时,如多云天在植物冠层内观测时,可进行五次读数,然后取平均值。

3. 照度计

测量光照度的仪器称为照度计(图 2-10)。照度计主要由测光探头和读数器两部分组成,探头的感光元件是硅光电池,使该仪器只对可见光有响应,照度计的感光范围和人眼的视觉敏感范围接近,在 $0.38\sim0.71~\mu m$ 之间。当一定强度的可见光照射到硅光电池上时,便产生一定强度的电流,其电流值的大小与光照度的强弱成正比。观测使用的照度计,已将电流值换算成光照度,单位为 lx(勒克斯)。照度计仪器型号较多,其操作方法基本相同,可参看说明书进行操作。

使用照度计进行观测时,每个测点的观测次数与平均值的求取与辐射观测相同。使用时务必使仪器感应面保持水平。

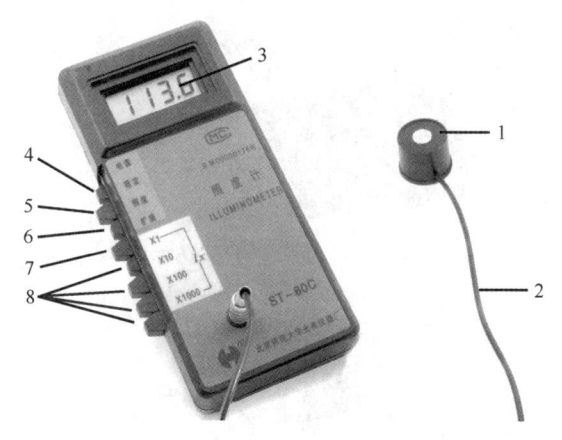

图 2-10　照度计(ST-80C 型)示意图
1. 测光探头　2. 导线　3. 显示板　4. 电源键　5. 锁定键　6. 照度键　7. 扩展键　8. 四量程键

在农业生产上,当使用照度计直接测量太阳辐射的光照度时,只能大致反映作物生长与光照度之间的关系。但因照度计结构简单,使用方便,价格低廉,在环境生态观测中仍可使用。

第二节　日照时数的观测

世界气象组织(WMO)对于日照时数的定义是在给定时间内太阳直接辐照度达到或者超过 120 W/m² 的各段时间总和。描述日照时间长度有两个概念:一是可照时数,是指从日出到日落太阳可能照射的时间长度,它是随纬度和季节发生变化的,可用公式直接计算出来;二是实照时数,通常称日照时数,考虑了云雾等天气现象及地形等对日照时间的影响,是指一日中太阳直接照射地面的实际时数,用直接辐射≥120 W/m² 作为日照时数(时间)。实照时数与可照时数的百分比称日照百分率。日照时数以小时为单位,取一位小数。人工器测使用暗筒式(乔唐式)日照计进行观测。

人工器测日照以日落为日界,辐射和自动观测日照以地方平均太阳时 24 时为日界。

一、暗筒式日照计

暗筒式(乔唐式)日照计是人工器测时期观测日照时数的仪器。仪器由金属圆筒、隔光板、纬度刻度盘和支架底座构成。金属圆筒底端密闭,筒口带盖,筒的两侧各有一个进光小孔,两孔前后位置错开,与圆心的夹角为 120°,筒内附有压纸夹。

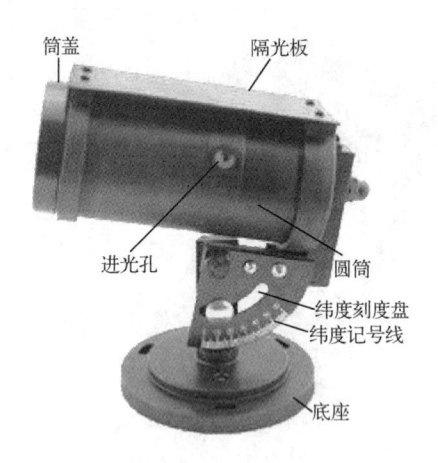

图 2-11 暗筒式日照计

暗筒式日照计是利用太阳光通过仪器上的小孔射入筒内,使涂有感光药剂的日照纸上留下感光迹线,通过计算迹线的长度确定一日的日照时数,隔光板的边缘与小孔在同一个垂直面上,它使太阳光除了在正午有 1~2 min 可以同时射入两孔外,其余时间光线只能从一孔射入筒内。观测方法详见《地面气象观测规范》。

二、直接辐射日照计

直接辐射日照计由直接辐射表与日照时数记录仪构成。直接辐射表用于测量光谱范围为 $0.27\sim3.2~\mu m$ 的太阳直接辐照度。当辐照度达到或者超过 120 W/m² 时,该表和日照时数记录仪连接,则可直接测量日照时数。

三、日照时数传感器

日照时数传感器用于连续测量日照时间,在有太阳的时候(直接辐射强度≥120 W/m²)进行观测计算。详见第八章。

第三节 仪器的维护

一、辐射表的维护

1. TBQ-2-B 型辐射表的日常维护

(1)应在日出前把金属盖打开,日落后停止观测,并加盖。若夜间无降水或无其他可能损坏仪器的现象发生时,也可不加盖。

(2)经常定期清洗玻璃罩,在有降雨或结露的低温天气为防止冻结影响观测,要清除玻璃罩上的雨水或露水。

(3)经常检查仪器是否水平,感应面与玻璃罩是否完好等。

2. 直接辐射表的日常维护

(1)检查仪器是否水平。

(2)检查进光筒处的石英玻璃窗口是否清洁,如有灰尘、水汽凝结物等,应及时用吸水棉球或用软布等擦净,切忌划伤。

(3)每天至少要检查一次跟踪情况,并及时调整仰角和时间。

(4)为保持进光筒中空气干燥,应定期更换干燥剂,更换时旋开进光筒尾部的干燥剂筒即可。

3. 净全辐射表的维护

(1)保持仪器清洁,及时更换干燥剂。

(2)保持滤光罩充满空气、清洁和不受污物等污染。

二、照度计的维护

1. 仪器应避免污损、强烈震动及摔打引起的破坏。

2. 观测完毕拔下测光探头导线时不能拽拉导线,要用手拿住导线金属端部位拔下导线,以免导致接触不好。

3. 仪器长期不用时应取出电池,以免旧电池液体泄露损坏仪器。

复习思考题

1. 辐射表的测量原理是什么?
2. 辐射表主要有哪些类型?并分述各种辐射表的作用。
3. 照度计所测的光照度为什么不能完全反映作物生长与光照度之间的关系?
4. 在野外调查中着手进行辐射观测之前,应该做什么?

第三章　空气温、湿度与土壤温度的观测

第一节　气象观测常用的测温仪器

在人工器测中,常用的测温仪器有玻璃液体温度表,双金属温度计。自动观测中使用铂电阻温度传感器。

一、玻璃液体温度表

用于气象观测的玻璃液体温度表是根据水银(酒精)热胀冷缩的特性制成的,精确度很高且定期检定,用于常规温度观测。包括最低、最高、干球、湿球温度和地温的观测。其他类型的温度表由于误差较大,不允许在气象观测中使用。

1. 干球温度表(普通温度表)

干球温度表是用于测定空气温度的仪器,由感应球部、毛细管、刻度瓷板和外套管四个部分组成,其刻度间隔为 0.2℃(图 3-1)。

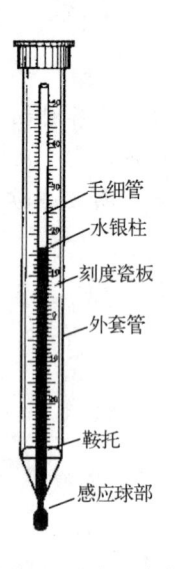

图 3-1　干球温度表

2. 最高温度表和最低温度表

(1) 最高温度表

最高温度表用来测量一段时间内出现的最高温度。其构造与普通温度表不同,它的感应部位为柱状,内有一玻璃针伸入毛细管,使感应部分和毛细管之间形成一窄道(图 3-2)。当温度升高时,感应部分的水银体积膨胀,挤入毛细管;而温度下降时,因水银收缩的内聚力小于窄道处管壁与水银的摩擦力,故水银不能缩回感应部分,水银柱仍停留在原处,因而能指示出上次调整后这段时间内的最高温度。最高温度观测完毕后需要调整最高温度表。

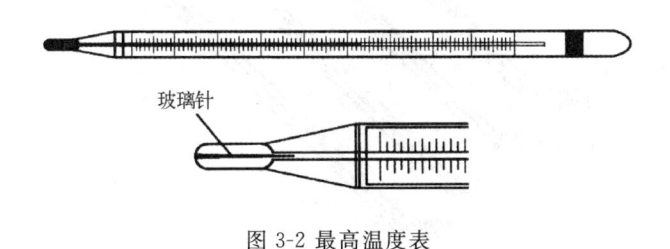

图 3-2 最高温度表

(2) 最低温度表

最低温度表用于测定一定时间间隔内的最低温度。其构造特点是毛细管较粗,内贮透明的酒精,在毛细管内有一哑铃形的蓝色玻璃游标(图 3-3)。当温度下降时,酒精柱相应下降,当酒精柱顶与游标接触时,酒精柱顶凹面的表面张力带动游标下降;当温度上升时,酒精可以通过游标四周缓慢向前流动,酒精柱上升,而游标因顶端与管壁的摩擦力作用,停在原来位置不动。因此,它能指示上次调整以来这段时间内的最低温度。观测时应读取游标远离感应部位一端(右端)所对应的温度读数。最低温度观测完毕后也要调整最低温度表。

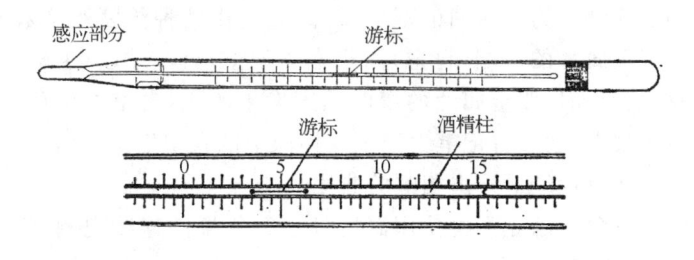

图 3-3 最低温度表

3. 曲管地温表

曲管地温表用于测量浅层土壤温度，其球部呈圆柱形，玻璃管靠近感应部弯曲成135°折角。曲管地温表一套共有四支，结构和原理相同，只是长短不一。分别测量5 cm、10 cm、15 cm、20 cm深度的土壤温度（图3-4）。

图 3-4　曲管地温表

在人工观测中，曾经使用直管地温表测量40 cm、80 cm、160 cm 和320 cm深度的土壤温度。目前气象站均由自动观测设备代替（详见第八章）。

二、温度计

温度计是观测气温连续变化并自动记录的仪器，在人工器测时期发挥了重要的作用。温度计由感应部分（双金属片）、传递放大部分（杠杆）、自记部分（自记钟、纸、笔）组成（图3-5）。

温度计的感应部分为一弯曲的双金属片，它是由两种热膨胀系数不同的金属片焊接而成。双金属片的一端（自记）固定在支架上，另一端（自由端）连接在杠杆上。当温度发生变化时，双金属片的弯曲程度发生改变，自由端位移，并通过连接的杠杆装置传递放大，通过自记笔尖记录在钟筒上的自记纸上，这样一天中温度随时间的变化即可在自记纸上绘出相应的曲线。

虽然目前气象台站已经不再使用温度计进行气温的连续观测，但在作物生长环境调查中，该仪器仍然能发挥作用。

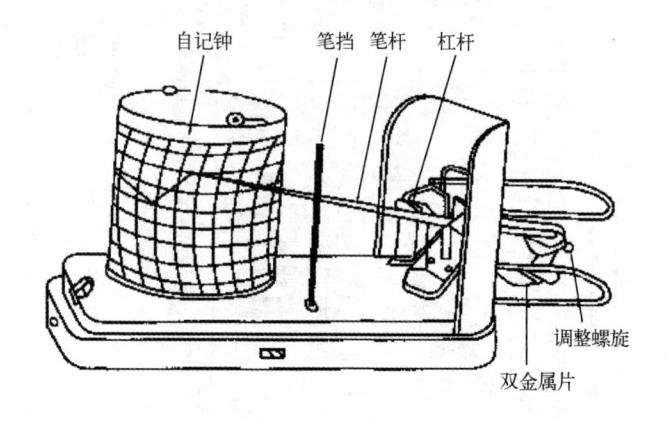

图 3-5 温度计

三、气象观测场测温仪器的安装、观测方法与维护

1. 仪器安装

（1）百叶箱

百叶箱由模压化玻璃钢制成，内部高 615 mm、宽 470 mm、深 465 mm，是安装各种温、湿度测量仪器的防护设备。百叶箱内外部均为白色，其作用是防止太阳对仪器的直接照射和地面对仪器的反射辐射，保护仪器免受强风、雨、雪的影响，并使仪器感应部分有适当的通风，能真实地感应外界空气温度和湿度的变化。我国百叶箱内平均自然通风速度约为 0.4 m/s。

（2）百叶箱内仪器安装

目前，气象观测站已全部实现自动观测，百叶箱内放置的是温湿度传感器。但在因农业生产的需要而采用人工观测的气象站，通常在两个百叶箱内安置人工观测温湿度的仪器。

在一个百叶箱内底部中心，安装一个固定的支架，干球温度表和湿球温度表垂直悬挂在支架两侧，球部向下，干球温度表在东，湿球温度表在西，感应球部距地面高 1.5 m，在温度表支架的下端有两对弧形钩，分别放置最高、最低温度表，最高温度表球部感应部分向东且稍下倾斜，如图 3-6 所示。

另一个百叶箱内，上面架子放湿度计，下面架子放温度计，感应部分中心离地面 1.5 m，底座保持水平，两者的高度差以便于观测为准。

(a) 干球温度表
湿球温度表
毛发湿度表
最高温度表
最低温度表
水杯

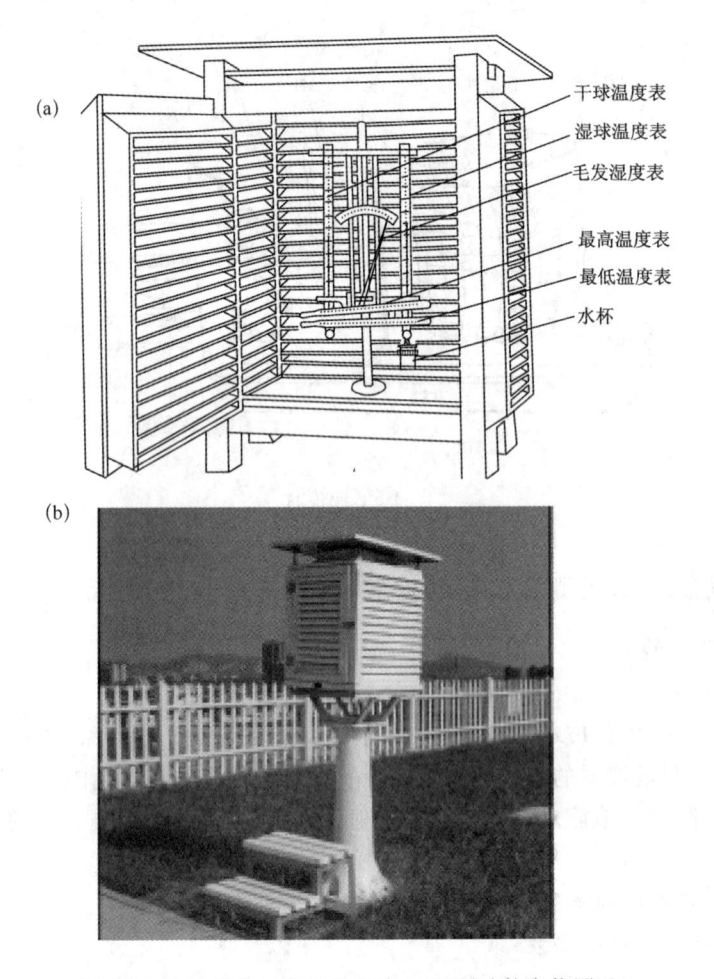

(b)

图 3-6　百叶箱内温度表的安放(a)和百叶箱实物图(b)

(3)地温表的安装

地面温度表(0 cm 温度表)、地面最高温度表、地面最低温度表其构造和原理与测定空气温度用的温度表相同,感应部位为柱状。安放在观测场内的地温表用于测量裸地表面的温度和一段时间内的最高温度和最低温度。

地面和浅层地温的观测地段设在地面观测场内靠南侧的面积为 2 m×4 m 的裸地上,地表疏松平整无草,并与观测场地面齐平。地面三支温度表须水平地安放在地段中央偏东的地面,按 0 cm、最低、最高的顺序自北向南平行排列,感应部分向东,并使其位于南北向的一条直线上,表间相隔约 5 cm;感应部分及表身一半埋入土中,一半露出地面,露出地面的感应部分和表身要保持干净,球部与土壤须密贴不可留有空隙(图 3-7)。

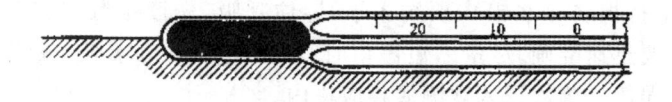

图 3-7　地面温度表安装示意图

曲管地温表安装在地面最低温度表的西边约 20 cm 处,按 5 cm、10 cm、15 cm、20 cm 深度顺序由东向西排列,感应部分向北,表间相隔 10 cm;表身与地面成 45°夹角,各表表身应东西向排齐。

安装时按上述要求,在安装位置挖沟。表身露出地面的沟壁(称南壁)呈东西向,长约 40 cm,沟壁往下向北倾斜,与沟沿成 45°坡;沟的北壁呈垂直面,北沿距南沿宽约 20 cm;沟底为阶梯形,由东至西逐渐加深,每阶距地面垂直深度分别约为 5 cm、10 cm、15 cm、20 cm,长约 10 cm。沟坡与沟底的土层要压紧。然后安放地温表,各表的深度、角度和距离均要符合安装要求,再用土将沟填平。填土时将土层适度培紧,表身与土壤间无空隙,土面应与表身上的红色记号平齐(图 3-8)。在地温表北面放置一宽约 30 cm,长约 100 cm 木栅条踏板供观测使用,以免观测时践踏土壤。当发现曲管温度表的安装状况、安装深度、角度超过允许误差时,应立即纠正。

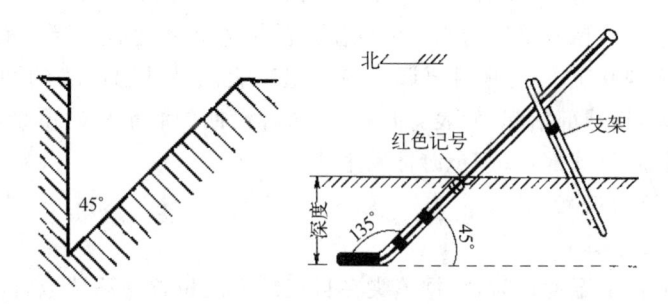

图 3-8　曲管地温表的安装

可在地温观测场地的边缘大约 45°斜埋入一长度稍短于地面温度表的 PPR(聚丙烯)自来水管,高温季节在 08 时观测地面最低温度后,将其放置管内,以防爆裂,20 时观测巡视时再放回原处(游标须经调整)。

2. 观测方法

(1)温度表的观测

①温度表的观测程序和方法

定时观测的程序为:干球温度表、湿球温度表、最低温度表酒精柱、毛发湿度表、最高温度表、最低温度表游标读数、调整最高、最低温度表。

观测时保持视线和水银柱顶端齐平,屏住呼吸,先读小数,后读整数,精确到 0.1℃。读数要迅速准确,尽量缩短停留时间,勿使手触动球部。做好记录后复读一次,以避免误读。读数记入观测簿相应栏内。

每支温度表都附有一张检定证。每次观测的读数都应根据温度表的检定证进行器差订正,订正后的温度值才能使用。

一天四次定时观测,日平均值按$(t_8+t_{14}+t_{20}+t_{02})\div 4$求得。

一天三次定时观测,02 时气温用:(当日最低气温+前一日 20 时气温)÷2 求得。

日平均值按$[(当日最低气温+前一日 20 时气温)\div 2 + t_8 + t_{14} + t_{20}]\div 4$求得。

有自记记录的三次观测,02 时的气温记录,用订正后的自记记录值代替。

②最高温度和最低温度的观测方法

最高温度表每天 20 时观测一次,读数精确到 0.1℃,观测后进行调整。最高温度表调整方法是用手握住表身中上部,球部向下,把手伸出和身体约成 30°角,用大臂前后甩动,使水银柱顶端示度约接近于当时的干球温度的示度,然后放回原位。先放球部,后放顶部,以避免水银上滑。

最低温度也在每天 20 时观测一次,观测时视线与酒精柱的顶端凹面中点(即最低点)处齐平,酒精柱示度为当时的气温。游标离球部远的一端的示度为最低温度。读数精确到 0.1℃,观测后要调整最低温度表。最低温度表的调整方法是拿起最低温度表,将球部抬起,使表身倾斜,当游标滑回到酒精柱的顶端,将其放回原处,先放顶部,后放球部,以避免游标发生移动。

(2)温度计的观测

①观测方法

定时观测自记温度计时,根据笔尖在自记纸上的位置观测读数,读数时保留小数后一位。观测时先读数后作时间记号,方法是轻轻按动一下仪器外侧右壁的计时按钮在自记纸上做时间记号,使自记笔尖在自记纸上划一垂线。

②自记纸整理

温度计在每天 14 时左右需更换自记纸。换纸方法如下:

a. 做记录终止的时间记号(方法同定时观测做时间记号)。

b. 掀开盒盖,拨开笔挡,取下自记钟筒(不取也可以),在自记迹线终端上角记下记录终止时间。

c. 松开压纸条,取下记录纸,上好钟机发条(切忌上得过紧),换上填写好站名、日期的新纸。上纸时,要求自记纸在钟筒上卷紧,两端的刻度线要对齐,底边紧贴钟筒突出的下缘,并注意勿使压纸条挡住有效记录的起止时间线。

d. 在自记迹线开始记录一端的上角,写上记录开始时间,按逆时针方向旋转自记钟筒(消除大小齿轮间的空隙),使笔尖对准记录开始的时间,拨回笔挡并做一时间记号。

在启用气象自动观测系统之前,使用温度计进行气温的连续观测是气象观测的重要手段。由于双金属片易发生形变,使其测量精度较差,当温度计记录值与实测值系统误差超过1.0℃时,应及时调整仪器笔位。此外,观测数据须进行时间订正与记录订正后方可使用。《气象观测规范》对温度计的自记记录订正方法做了详细的介绍。

③温度计自记记录订正

a. 时间订正。时间订正是以观测时所做的时间记号作为订正的依据。时间记号超过正点线时,时差为正;时间记号不到正点线时,时差为负。具体订正方法如下:

总变差(T)等于本次时间差(T_n)与上次时间差(T_0)之差,即 $T = T_n - T_0$。

各时变差(ΔT)等于总变差除以两次定时观测时间间隔$n(h)$,即:

$$\Delta T = T/n$$

各时时间差(ΔT_n)等于上次时间差ΔT_0加上各时变差ΔT与上次观测的时间间隔$n(h)$之乘积,即 $\Delta T_n = T_0 + \Delta T \cdot n$。

各时的正确时间等于自记纸上各正点时间加上当时的时间差。并将各时正确时间用铅笔在自记纸上做出时间记号。

例如:14时观测的时间记号在13时50分,20时观测的时间记号是20时05分,计算13时、14时、15时、16时、17时在自记纸上的正确时间。

计算结果见表3-1。

表3-1 温度计的时间订正

观测时间	14:00	15:00	16:00	17:00	18:00	19:00	20:00
时间记号坐标	13:50						20:05
时差(分)	−10						+5
计算时差(分)		−8	−5	−3	0	3	
正确时间坐标		14:52	15:55	16:57	18:00	19:03	

b. 读数订正(自记记录订正)。读数是以定时观测的实测温度值(经过器差订正后的干球温度值)作为订正的依据,先读出两次正点之间各时间记号对应的温度自记读数,再求出本次观测与上次观测的器差(器差=干球读数−自记读数,自记读数经过时间订正)即可求出任一时刻的器差。具体方法如下:

设本次观测时间t_n的器差为δ_n,上次观测时间t_0的器差为δ_0,则这一时段内

任意正点时刻 t 的器差 δ 可由下式求得:

$$\delta = \delta_0 + \frac{\delta_n - \delta_0}{t_n - t_0}(t - t_0)$$

例如:某日 14 时实测气温为 15.8℃,自记温度为 15.0℃,仪器差为+0.8℃;20 时实测温度为 13.4℃,自记温度为 13.2℃,仪器差为+0.2℃;15 至 19 时得自记记录为 15.5℃、14.8℃、14.2℃、13.9℃、13.5℃;求 15 时到 19 时的仪器差与订正值,计算结果见表 3-2。

表 3-2 温度计记录订正

时间	14:00	15:00	16:00	17:00	18:00	19:00	20:00
实测值	15.8						13.4
自记值	15.0	15.5	14.8	14.2	13.9	13.5	13.2
仪器差	+0.8	+0.7	+0.6	+0.5	+0.4	+0.3	+0.2
正确值	15.8	16.2	15.4	14.7	14.3	13.8	13.4

(3)地温的观测方法

观测地温时,站在踏板上,按 0 cm、最低、最高和 5 cm、10 cm、15 cm、20 cm 地温的顺序读数。严禁将地温表取离地面读数。观测曲管地温表时,使视线与水银柱顶端平齐。观测完毕后调整最高、最低温度表。读数记入观测簿相应栏,须经器差订正后方可使用。

08 时、14 时、20 时三次定时观测时,02 时地面温度和日平均值统计方法与气温相同。02 时的 5 cm、10 cm 地温分别用 08 时记录代替,15 cm、20 cm 地温栏空白,日平均按三次记录统计。

第二节 空气湿度观测

空气湿度(简称湿度)是表示空气中水汽含量和潮湿程度的物理量。

需要观测获取的湿度项目有:

水汽压(e)——空气中水汽部分作用在单位面积上的压力。以 hPa(百帕)为单位,取一位小数。

相对湿度(U)——空气中实际水汽压与当时气温下的饱和水汽压之比。以百分数(%)表示,取整数。

露点温度(T_d)——空气在水汽含量和气压不变的条件下,降低气温达到饱和时的温度。以℃为单位,取一位小数。

一、干湿球温度表

干湿球温度表是人工观测时期用来测定空气湿度的常用装置,由两支型号完全相同的玻璃液体温度表放在同一环境中(百叶箱),其中一只用来测定空气温度,称为干球温度表。另一只温度表球部包上气象观测专用的脱脂湿润纱布,所指示的温度为湿球温度,称为湿球温度表(图 3-9)。

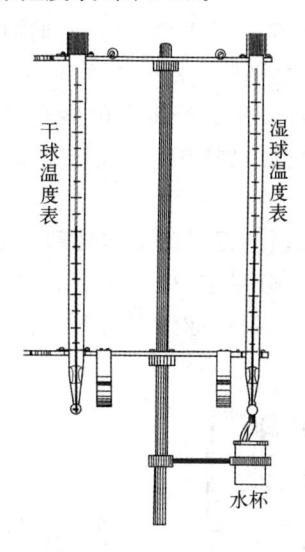

图 3-9 干湿球温度表

1. 干湿球温度表的测湿原理

湿球温度表的示度受湿球表面水分蒸发速度的影响。空气湿度低时,湿球表面水分蒸发快,湿球示度较低,湿球温度和干球温度的差值越大;空气湿度高时,湿球表面水分蒸发慢,湿球示度相对较高,其差值就小。

当空气中水汽含量未达到饱和时,湿球表面水分不断地蒸发消耗蒸发潜热,湿球温度下降,同时又从流经湿球的空气中不断取得热量补给,当湿球因蒸发而消耗的热量和从周围空气中获得的热量相平衡时,湿球温度就不再继续下降,从而维持了一相对稳定的干湿球温度差。干湿球法测湿公式如下:

$$e = E_w - AP(t - t_w)$$

式中:e 为空气的实际水汽压(hPa);E_w 为湿球温度是 t_w 时的饱和水汽压;A 是与通风速度和温度感应部分形状有关的测湿系数,是一变数,主要随湿球周围的风速变化;P 为本站气压(hPa);t 为干球温度(℃);t_w 为湿球温度(℃)。

为使用方便,中国气象局依据上述公式,编制出《湿度查算表》。只要测得 t、

t_w、P 值,借助于《湿度查算表》,可查得水汽压(e)、相对湿度(U)、露点温度(T_d)和饱和差(d)的值。

2. 干湿球温度表的安装和观测记录方法

用干湿球温度表测定空气湿度的准确度与湿球温度表上的纱布包扎方法正确与否关系很大。观测前需选用气象观测专用的、吸湿性良好的纱布来包扎湿球。具体方法是将长约 10 cm 的新纱布在蒸馏水中浸湿,使上端服贴无皱褶地包卷在感应部分上(包卷纱布的重叠部分不要超过球部圆周的 1/4);包好后用纱线把高出感应部分上面的纱布扎紧,再把感应部分下面的纱布紧靠着球部扎好,并剪掉多余的纱线。将包扎的纱布下部浸到一个带盖的盛有蒸馏水的水杯内,杯口距湿球球部 3 cm。湿球纱布必须经常保持湿润,湿球纱布和水杯中的蒸馏水须及时更换。

若湿球纱布冻结,观测前须进行湿球融冰处理。方法是从室内带一杯蒸馏水将湿球浸入水杯中。使纱布充分浸透,待纱布上的冰完全融化变软后在球部下部 2~3 mm 处剪断(图 3-10),然后把湿球温度表下的水杯从百叶箱内取走,以防水杯冻裂。

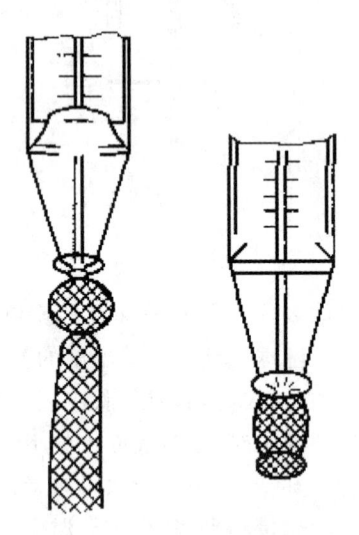

图 3-10 湿球纱布包扎和冻结时纱布剪掉示意图

读取干、湿球温度表的示值时,湿球示度达到稳定不变时才能进行读数和记录。若湿球纱布已冻结,应在湿球读数右上角记录结冰符"B",供查算使用。

气温在 −10.0℃ 以下时,停止观测湿球温度,改用毛发湿度表或湿度计测定湿度。

一天三次定时观测时,02 时水汽压、相对湿度分别用 08 时记录代替,日平均

值按 $(2\times t_8 + t_{14} + t_{20}) \div 4$ 统计。有自记记录的三次观测,02 时的相对湿度记录,用订正后的自记记录值代替。

二、通风干湿表

1. 仪器构造

通风干湿表(阿斯曼)的构造如图 3-11 所示。其作用和原理与百叶箱干湿球温度表基本相同,由两支型号完全一样的温度表被固定在金属架上,感应部位安装在保护套管内,套管表面镀有反射力强的镍或铬,避免太阳直接辐射的影响。保护套管的两层金属间空气流,使温湿度与百叶箱的数值保持一致。通风干湿表携带方便,精确度较高,是野外观测空气温、湿度的常用仪器。

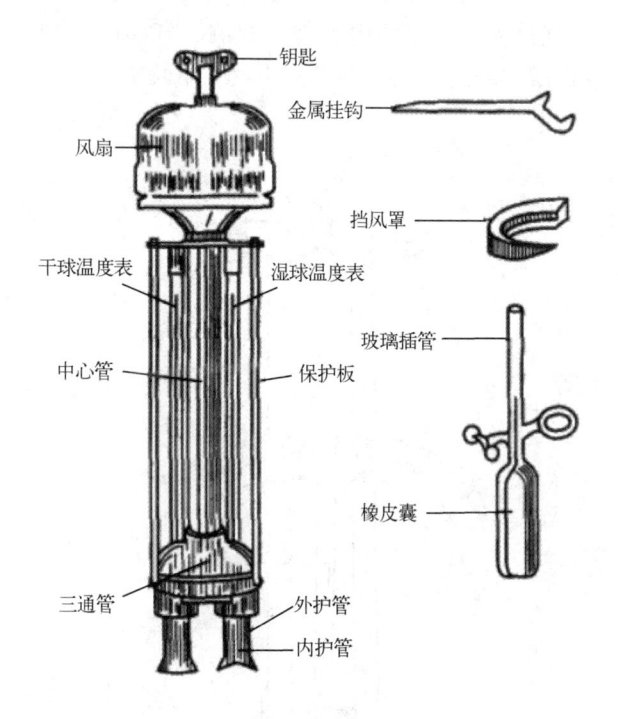

图 3-11 通风干湿表

2. 观测方法

观测时保持仪器垂直,为使仪器感应部分与周围空气的热量交换达到平衡,使用前应暴露 10 min 以上(冬季约 30 min)才能观测。在读数前 4～5 min 将橡皮囊内所装的蒸馏水挤压到玻璃水管口下方,然后用弹簧夹夹住皮管,再将玻璃水管插入湿球的内护管,使湿球浸入水管中并稍作停留,待湿球纱布充分湿润后,上好发条,切忌上得过紧。大约2~4 min待湿球示度稳定后进行观测。观测时站在仪器下风方向或侧面观测读数,其目的是不要让风将观测者自身的热量带入通风管中。读数方法与百叶箱干湿球温度表相同。当风速大于4 m/s时,应将防风罩套在风扇迎风面的缝隙上。记录处理方法同干、湿球温度表。

三、毛发湿度表

1. 毛发湿度表的构造

毛发湿度表是根据脱脂人发随空气湿度大小而改变长度的特征,用脱脂人发制成的可直接测定空气相对湿度的仪器,如图3-12所示。但毛发长度随相对湿度的变化呈非线性关系,一般相对湿度较大时,毛发的伸长量小些。故毛发湿度表的刻度盘在低值一端刻度稀疏些,高值一端刻度密集些。在人工观测阶段,因其结构简单,操作方便,一直作为一项观测内容进行观测。气温降低到－10.0℃以下时,观测毛发湿度表,其读数经过订正后方可使用。日平均温度高于－10.0℃,读数只做参考。

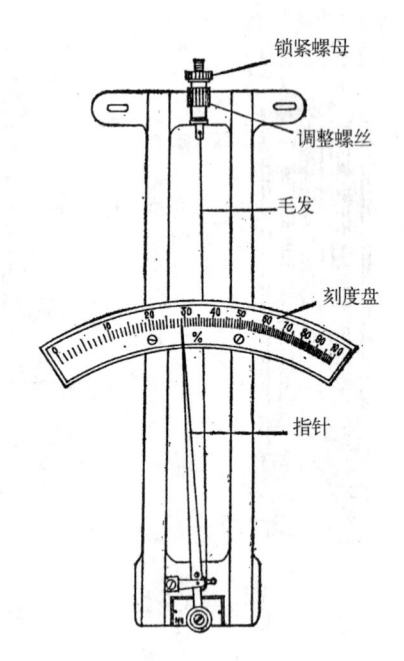

图3-12 毛发湿度表

2. 毛发湿度表的观测记录

按毛发湿度表指针指示的位置观测读数(读取整数,小数四舍五入)时,如果怀疑指针由于轴的摩擦或针端碰到刻度尺而被卡住,可以轻轻地敲一下毛发湿度表架,重新读数,并将仪器情况记入备注栏。

如果读数时发现指针超出刻度范围,应当用外延法读数,按 90 到 100 的刻度尺距离外延到 110。估计指针相当于在延伸刻度的那一个分划线上,估计的读数加"( )"记入观测簿相应栏。

四、毛发湿度计

1. 构造及工作原理

毛发湿度计是在人工器测时期用来观测相对湿度连续变化并自动记录的仪器。它由感应部分(脱脂人发)、传递放大(曲臂杠杆)部分及自记部分(自记钟、纸、笔)组成,如图 3-13 所示。与温度计一样,虽然气象台站已不再使用该仪器进行相对湿度的连续观测,取而代之的是湿度传感器,但在农业生态调查中仍可使用。

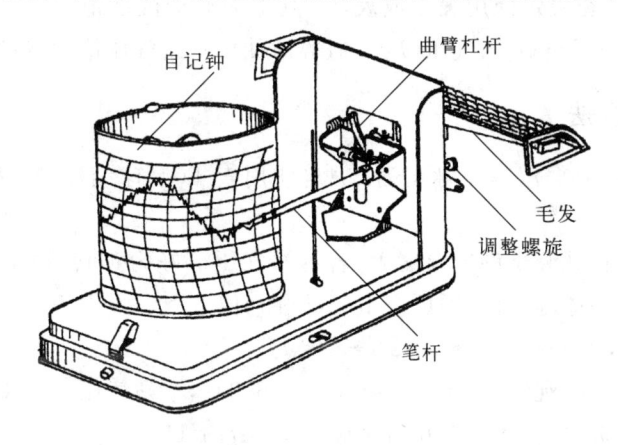

图 3-13 毛发湿度计

2. 观测记录方法

通过湿度计可直接读出空气的相对湿度。定时观测时,根据笔尖在自记纸上的位置观测读取整数。作时间记号和换自记纸的方法与温度计相同。

湿度计读数时,若笔尖超出自记纸下沿(0%),但未靠着钟筒的底沿;或笔尖超出自记纸上沿(100%),但未超出自记纸,除按外延法读数并进行订正外,记录前加<(或>)符号,还需在备注栏中注明。订正后的值>100 时,记为 100。<0 时,记为 0。若笔尖超出钟筒,记录为"—",表示缺测。

第三节 湿度查算表的使用方法

一、湿度查算表介绍

在实际工作中,用观测到的干、湿球温度值,通过中国气象局根据测湿公式编制的《湿度查算表》可查取湿度要素值。

本教材以《湿度查算表(甲种本)》(气象出版社2011年5月出版)为例,说明湿度查算表的查算方法。

《湿度查算表》中表1和表2每栏居中的数值为干球温度值(t),n为订正参数,根据湿球结冰与否决定使用表1或表2。其他为湿球温度值(t_w)、水汽压(e)、相对湿度(U)、露点温度(t_d)、气压(P)。查算时使用本站气压值,个位数四舍五入。

二、查算方法

(1)查表时,根据湿球结冰与否,决定使用表1(湿球结冰)或表2(湿球未结冰)。

(2)在百叶箱观测干湿球湿度表,若本站气压恰好为1000 hPa,在表1或表2找到相应的干、湿球温度值,即可查出 e、U 和 t_d 值。

即,根据 $(t, t_w) \rightarrow$ (表1或表2)$\rightarrow e、U、t_d$。

例:在百叶箱中观测到,$t=17.7℃$,$t_w=16.3℃$,本站气压 $P=1000$ hPa。

在表2(97页)查得 $e=17.6$ hPa;$U=87\%$;$t_d=15.5℃$。

(3)在百叶箱观测干湿球温度表,若本站气压不等于1000 hPa,则要对湿球温度进行气压订正后再查算。

查算步骤为:根据观测的干球温度和湿球温度值,使用表1或表2获得订正参数(n);依据订正参数(n)及气压值(P)(个位数四舍五入)在附表3查得湿球温度订正值 Δt_w;然后,算出 t_w 与 Δt_w 的代数和($t_w + \Delta t_w$);最后依据($t, t_w + \Delta t_w$),根据上述例子查算出相应的湿度值。综上所述,查算路线为:

$(t, t_w) \rightarrow$ (表1或表2)$\rightarrow n$(订正参数)$\rightarrow (n, P) \rightarrow$ (附表3)$\rightarrow \Delta t_w \rightarrow (t, t_w + \Delta t_w) \rightarrow e, U, t_d$。当本站气压在995.0~1004.9 hPa(即因本站气压的个位数四舍五入而 $P=1000$ hPa)时,也要查表进行湿球温度的气压订正,切不可忽略。

例:在百叶箱用干湿球温度表观测到,$t=17.7℃$,$t_w=16.3℃$,本站气压 $P=998$ hPa。

查算步骤为:

①用($t=17.7$,$t_w=16.3$)在表 2(97 页)中查到 $n=3$；
②本站气压值 998 hPa,四舍五入为 1000 hPa；
③在附表 3(325 页)中找到气压为 1000 hPa,$n=3$ 时的 $\Delta t_w=-0.2$(℃)；
④对湿球进行订正:$t_w+\Delta t_w=16.3+(-0.2)=16.1$(℃)；
⑤在表 2(97 页)中,用原来的干球温度 17.7℃和订正后的湿球温度 16.1℃,查得：

$e=17.2$ hPa；$U=85\%$；$t_d=15.2$℃。

(4)用其他不同型号干湿球温度表的测定值查算步骤为：

$(t,t_w)\rightarrow$（表 1 或表 2）$\rightarrow n$（订正参数）$\rightarrow(n,P)\rightarrow$（附表 2～附表 5）$\rightarrow \Delta t_w \rightarrow (t,t_w+\Delta t_w)\rightarrow e,U,t_d$

注：附表 2～附表 5 为湿球温度订正值 Δt_w(℃)。其中附表 2 为通风干湿表；附表 3 为球状干湿表(自然通风速度 0.4m/s)；附表 4 为柱状干湿表；附表 5 为球状干湿表(自然通风速度 0.8m/s)。

例：用通风干湿表查得：$t=17.7$℃,$t_w=16.3$℃,本站气压 $P=988$ hPa。

查算步骤为：
①用($t=17.7$,$t_w=16.3$)在表 2(97 页)中查到 $n=3$；
②本站气压值 988 hPa,四舍五入为 990 hPa；
③在附表 2(332 页)中找到气压为 990 hPa,$n=3$ 时的 $\Delta t_w=0.0$(℃)；
④对湿球进行订正:$t_w+\Delta t_w=16.3+0.0=16.3$(℃)；
⑤在表 2(97 页)中,用原来的干球温度 17.7℃和订正后的湿球温度 16.3℃,查得：

$e=17.2$ hPa；$U=85\%$；$t_d=15.2$℃。

⑥计算饱和差 d,可根据公式 $d=e_w-e$ 求得。

根据干球温度从附表 1(一)查得纯水平液面饱和水汽压 e_w 值,减去当时的水汽压 e,即为饱和差 d 的值。

例：$t=24.3$℃,$e=7.8$ hPa

由附表 1(一)(317 页)查得 $t=24.3$℃所对应的 $e_w=30.4$ hPa,则：$d=30.4-7.8=22.6$ hPa。

其他情况由于篇幅所限,详见《湿度查算表(甲种本)》。

第四节 仪器设备的维护和使用注意事项

一、温度表的维护

(1)干球温度表应经常保持清洁、干燥。观测前发现干球上有灰尘或水,须立即用干净的软布轻轻拭去。

(2)在移运和存放最低温度表时,最好将表身直立放置,感应部分向下,并避免高温及震动,以免酒精柱蒸发和断柱。

二、温度观测中常见故障及处理方法

1. 常见故障

(1)观测中最高温度表水银柱在窄道处断开时,应稍稍抬起温度表的顶端使其连接在一起。若不能恢复,则减去断柱中空隙部分的数值作为最终读数,并及时进行修复或更换。有关情况要在观测簿的备注栏注明。

(2)在观测读数时,发现最低气温表酒精柱中断,则最低温度记录作缺测处理,并在观测簿的备注栏注明;该表须及时修复或更换。

(3)观测中若地面温度表损坏,可用地面最低温度表酒精柱读数代替。

(4)温度表水银柱发生断柱时,但若对记录质量影响不大时,也可用温度表示度值减去空隙部分所占的度数求得。

2. 温度表断柱的修复

当温度表水银(或酒精)发生断柱时,可用下述方法修理:

(1)撞击法:用手握住球部,使之处于掌心,将握住球部的手在其他较软的东西上撞击,撞击时手握球部要稳,表身要保持垂直。

另可用一只手握住表的中部并球部朝下,然后用握表的手腕在另一只手掌上撞击。手握表松紧要适宜,撞击时应保持表身垂直。

(2)加热法:只适用于毛细管顶管空腔较大且中断部位离空腔较近的水银温度表。其方法是先盛半杯冷水,将温度表球部插入水中,缓缓加入热水,使温度逐渐上升,直至水银丝上部中断部分及气泡全部升入空腔后,轻轻震动温度表上部,气泡即可升至顶端。

三、测湿仪器维护

(1)湿球纱布必须经常保持清洁、柔软和湿润,一般应每周换一次。遇有沙尘等天气使湿球纱布上明显沾有灰尘时,应立即更换。

(2)禁止用手触摸毛发表上毛发,以免手上的油脂覆盖毛发小孔,影响其正常感应。

(3)毛发湿度计毛发脱钩时,应立即用镊子复位。及时清洗毛发。

(4)当毛发湿度计记录值与实测值相比较误差较大时,应及时调整仪器笔位。

(5)通风干湿表的湿球纱布应经常保持清洁。定期检查风扇旋转是否正常,如果转速显著降低则应该送至相关单位进行修理。

复习思考题

1. 为什么最高温度表和最低温度表能测量一段时间内的最高温度和最低温度？
2. 百叶箱的作用是什么？百叶箱内的仪器如何放置？
3. 怎样正确安装曲管地温表？
4. 怎样正确使用通风干湿表？
5. 液体温度表断柱时如何修复？
6. 试述干湿球温度表观测空气湿度的测量原理。

第四章 气压、风的观测

第一节 气压观测

气压是作用在单位面积上的大气压力,单位为 hPa(百帕)、mmHg(毫米汞柱)。以前气压单位用过 mb(毫巴),现已废除。观测时取 1 位小数。气压单位的换算公式如下:

$$1 \text{ hPa} = 1 \text{ mb}$$
$$1 \text{ hPa} = 3/4 \text{ mmHg}$$
$$1 \text{ mmHg} = 1.3333 \text{ hPa}$$

气压观测分人工观测和自动观测。人工观测气压使用的仪器有水银气压表、气压计和空盒气压计。自动观测气压的仪器有电测气压传感器。

一、动槽式水银气压表

1. 仪器构造

水银气压表是利用作用在水银面上的大气压力,和与之相通、顶端封闭且抽成真空的玻璃管中的水银柱对水银面产生的压力相平衡的原理而制成的。一根一端封闭并充满水银的玻璃管,将开口一端插入水银槽中,管内水银柱受重力作用下降,当作用在水银槽面上的大气压力与管内水银柱重量产生的压力相平衡时,水银柱就稳定在某一高度上,在标准状态下,这个高度就可以用来表示气压。如果在水银柱旁边树立一根标尺,标尺的零点对准水银面,读出水银柱顶到槽部水银面之间的距离即水银柱的高度(H),即可求出大气压力。

动槽式水银气压表(福丁式)主要由水银槽、玻璃内管、外部套管和读数标尺三个部分组成(图 4-1)。在水银槽的上部有一象牙针,针尖位置为刻度标尺的零点。每次观测必须按照要求将槽内的水银面调至象牙针尖的位置。

2. 仪器安装

将气压表安置在室内气温变化小,无太阳直射的地方。切勿安置在热源和门窗附近。不要震动气压表。安装前,应将挂板牢固地固定在准备悬挂该表的地方,再小心地从盒子中取出气压表,槽部向上,稍稍拧紧槽底调整螺旋约 1~2

圈,慢慢地将气压表倒转过来,使表直立,再把表顶悬环套入挂钩中,使气压表自然垂直后,慢慢旋紧固定环上的三个螺丝(不能改变气压表的自然垂直状态),将气压表固定,最后旋转槽底部螺旋,使槽内水银面下降到象牙针尖稍下的位置为止,安稳4个小时后,才可以观测使用。

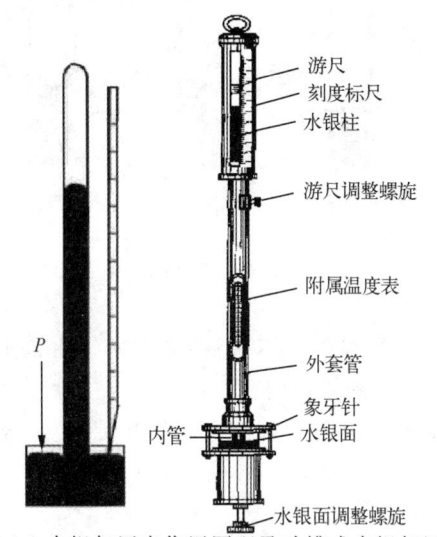

图 4-1　水银气压表作用原理及动槽式水银气压表

3. 观测和记录方法

(1)观测附属温度表,读数精确到 0.1℃。

(2)调整水银槽内水银面,使之与象牙针尖恰好相接。调整时,旋动槽底调整螺旋,使槽内水银面自下而上地升高,动作要轻而慢,直到象牙针尖与水银面恰好相接(水银面上既无小涡,也无空隙)为止。如图 4-2 所示。

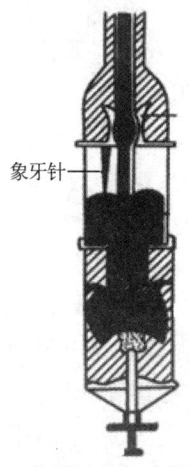

图 4-2　象牙针尖与水银面位置

(3)调整游尺。先使游尺稍高于水银柱顶,并使视线与游尺环的前后下缘在同一水平线上,再慢慢下降游尺,直到游尺的前后下缘与水银柱凸面顶点刚好相切。这时在顶点两旁可以看到三角形空隙(图4-3)。

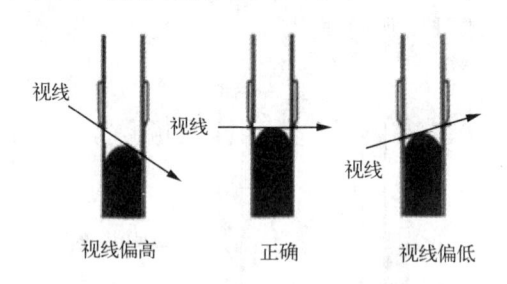

图 4-3 观测水银柱凸面示意图

(4)读数并记录,先在标尺上读取整数,后在游尺上读取小数,以 hPa(百帕)为单位,精确到 0.1,计入气压读数栏内。

(5)读数复验后,降下水银面。转槽底调整螺旋,使水银面离开象牙针尖约2~3 mm。

4. 读数订正

通常在水银表上观测到的标尺示度实际上只表示观测所得到的气压值(或水银柱的高度),水银气压表的读数必须按顺序经过仪器误差订正、温度订正和重力订正(纬度重力订正,高度重力订正)后才是本站气压。

例:某气象站纬度 $\varphi=36°20'$;海拔高度 $h=125$ m;附属温度 $t=13.3℃$;水银气压表的气压读数 $P=1013.6$ hPa。

求:本站气压。

求算步骤如下:

(1)仪器差订正值:-0.1 hPa(来自仪器检定表)。

经过仪器差订正后的气压值为:$1013.6-0.1=1013.50$(hPa)。

(2)温度差订正值:-2.20 hPa。

经过温度差订正后的气压值为:$1013.50-2.20=1011.30$(hPa)

(3)纬度重力差订正值为:-0.80 hPa。

(4)高度重力差订正值为:-0.02 hPa。

本站气压为:$1011.30-0.80-0.02=1010.48$(hPa)。

注:其中温度订正值、纬度重力订正值和高度订正值可用《气象常用表》(第二号、第三号)查找。由于篇幅所限,不详细介绍。

本站气压只表示台站海拔高度上大气柱的压强。在不同的海拔高度上由于承受大气柱长度不同,所以各站间的本站气压是无法进行比较的。为了比较各地气压的高低,便于分析气压场,必须把各地的本站气压统一订正到海平面上,这种订正称为海平面气压订正。

二、空盒气压表

空盒气压表是利用空盒弹力与大气压力相平衡的原理制成的。当大气压力发生变化时,空盒随之产生形变,把这种形变进行一定程度的放大就可以用来指示气压的变化。该仪器具有便于携带、使用方便、维护容易等特点,多用于野外观测使用。

1. 仪器构造

空盒气压表由感应部分、传递放大部分和读数部分组成。感应部分是一组有弹性的密闭圆形金属空盒,盒内近似真空,空盒组的一端与传递放大部分连接,另一端固定在金属板上。传递放大部分,是由传动杆、水平轴、拉杆、游丝和指针等组成,该装置能将感应部分的微小变形放大 1000 倍以上,并带动指针指示出气压值。读数部分由指针、刻度盘和附属温度表组成,根据指针在刻度盘上的位置可读出当时的气压值,附属温度表的读数用来对当时气压值进行温度订正。见图 4-4。

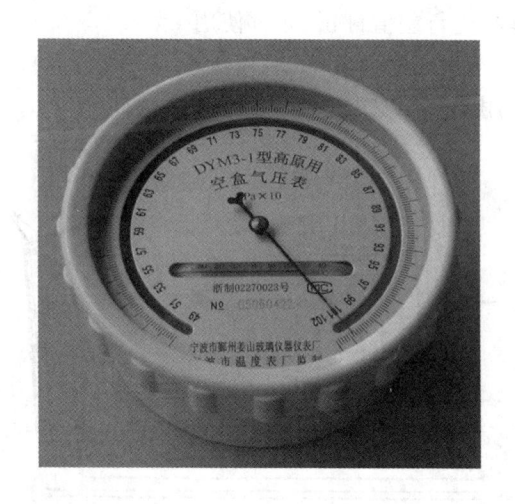

图 4-4 空盒气压表

2. 观测方法

先读附温,精确到 0.1℃,然后轻敲盒面(克服机械摩擦),待指针静止后再读数。读数时视线垂直于刻度盘,读取指针尖端所指示的位置,精确到 0.1hPa。

3. 读数订正

(1) 刻度订正:刻度误差是由于仪器制造装配不够精确造成的,可从检定证上查出。

(2) 温度订正:由于温度变化,引起空盒弹性发生改变,所以应进行温度订正。温度订正值的计算公式为:

$$P = \Delta P \cdot t$$

式中:P 是温度订正值,ΔP 是温度系数(温度变化1℃时的气压订正值,检定证上可以读取),t 为温度表上附属的温度值。

(3) 补充订正:为消除空盒随时间产生的剩余变形对示值产生的影响,可从检定证书上得到补充订正值。

空盒气压表的读数需进行上述三项订正后,才能获得准确的本站气压值。

三、气压计

气压计是自动、连续记录气压变化的仪器。在人工器测时期,台站使用该仪器进行气压的连续观测。

气压计由感应部分(金属弹性膜盒组)、传递放大部分(两组杠杆)和自记部分(自记钟、笔、记录纸)组成,如图 4-5。由于精度所限,其记录必须与水银气压表测得的本站气压值比较,进行差值订正,方可使用。

感应部分由一组空盒串联而成,上端与传递放大部分连接,下端固定在一块双金属片上,双金属片用来补偿温度对空盒形变的影响。

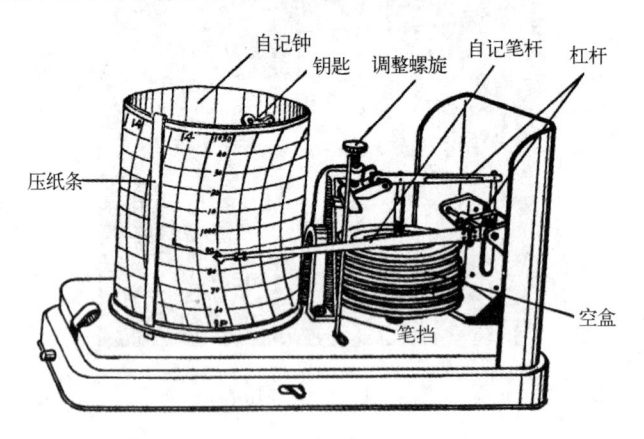

图 4-5 气压计

气压计安置在水银气压表附近的台架上,仪器底座要求水平,距离地面高度以便于观测为宜。

定时观测时,水银气压表观测完毕后,便读气压计,读数精确到 0.1 hPa,将读数记入观测簿相应栏中,并做时间记号。同时注意与实测值的比较,系统误差超过 1.5 hPa 时,应调整仪器笔位。气压计换纸与温度计相同,换下纸后,要把定时观测的实测值和自记值分别填在相应的时间线上(以时间记号为正点)。气压计也需进行自记记录的订正。详见《地面气象观测规范》。

与温、湿度自记计一样,目前气象台站已经使用气压传感器取代气压计进行气压的连续观测。

第二节　风的观测

一、观测项目

风是向量,风的观测包括风向和风速的观测。风向是指风吹来的方向,用 16 个方位表示(图 4-6),自动观测风向以(°)为单位。风速是指单位时间内空气流动的水平距离,以 m/s 为单位。

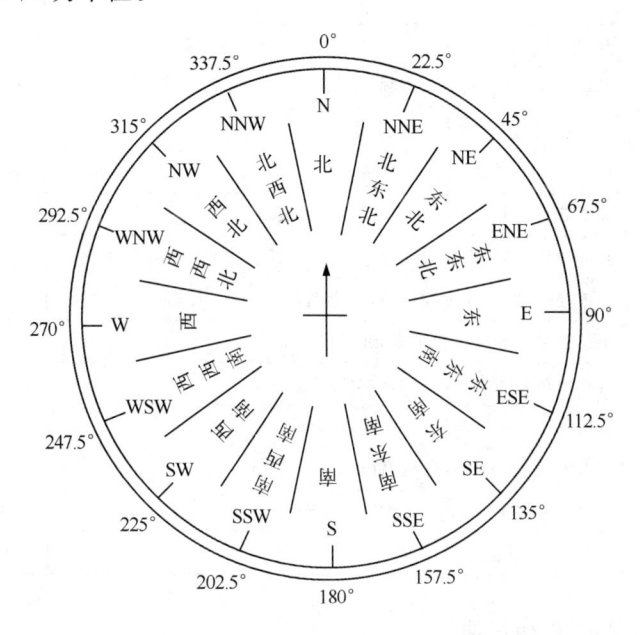

图 4-6　风向方位图

二、观测方法

1. 目测法

在野外考察或虽有仪器但因故障不能使用时,可目测风向风力。

(1)估计风力

根据风对地面或海平面物体的影响而引起的各种现象,按风力等级表估计风力,并记录其相应风速的中数值。

(2)目测风向

根据炊烟、旌旗、布条展开的方向及人的感觉,按八个方位估计。目测风向风力时,观测者应站在空旷处。多选几个物体,认真地观测,以尽量减少主观的估计误差。风力等级见表 4-1。

表 4-1 风力等级表(陆地)

风力等级	名称	陆地上物体征象	相当于平地 10 m 高处的风速(m/s) 范围	相当于平地 10 m 高处的风速(m/s) 中数
0	无风	静,烟直上	0.0～0.2	0
1	软风	烟能表示风向,树叶略有摇动	0.3～1.5	1
2	轻风	人面感觉有风,树叶有微响,旗子开始飘动	1.6～3.3	2
3	微风	树叶及小枝摇动不息,旗子展开	3.4～5.4	4
4	和风	能吹起地面灰尘和纸张,高草及庄稼波浪起伏	5.5～7.9	7
5	清劲风	有叶小树摇摆,内陆水面有小波,高草及庄稼波浪起伏明显	8.0～10.7	9
6	强风	大树枝摇动,电线呼呼有声,举伞困难	10.8～13.8	12
7	劲风	全树摇动。大树枝弯下来,迎风步行不便	13.9～17.1	16
8	大风	可折毁树枝。人迎风前行感觉阻力甚大	17.2～20.7	19
9	烈风	烟囱及平房受到破坏,大树枝可折断	20.8～24.4	23
10	狂风	树木可被吹倒,一般建筑遭破坏	24.5～28.4	26
11	暴风	大树可被吹倒,一般建筑物遭严重破坏	28.5～32.6	31
12	飓风	陆上少见,其摧毁力极大	>32.6	≥35

2. EL 型电接风向风速计

EL 型电接风向风速计是自动记录风向风速的有线遥测仪器。人工观测时期在观测和自动记录风向风速中发挥了重要的作用。该仪器操作简单,使用方便,不易损坏。因此,在为农业生产服务只进行季节性观测的气象站,也可以使用该仪器进行风向风速的观测。

(1) 构造与工作原理

EL 型电接风向风速计由感应器、指示器、记录器组成。感应器安装在室外，指示器和记录器安装在室内，感应器通过电缆与指示器连接，指示器与记录器之间用一根短电缆连接。

① 感应器　感应器分为风速表和风向标两部分，风速表安装在风向标的上面，风向标的底座上有一个防水插入座，通过电缆与室内的指示器和记录器相通（图 4-7）。

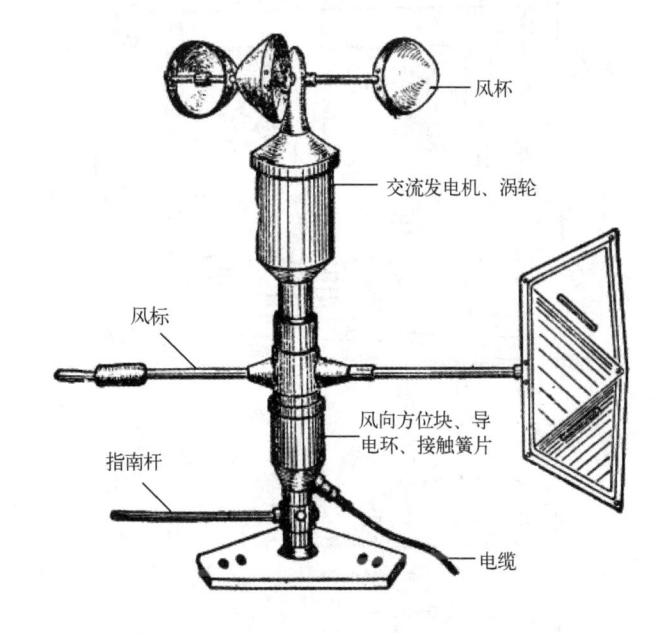

图 4-7　EL 型风向风速计感应部分

风向部分由风标、风向方位块、导电环、接触簧片等组成。导电环分别对应 8 个风向方位，在风向转动轴上有一电接簧片并附有电接点，随着风向标的转动和风向的不同，电路可在各个电接点上接通，并表示不同的风向。

风速部分由风杯、交流发电机、涡轮等组成。风速表有一微型发电机装置，当风杯转动时，带动磁铁转动，在定子线圈内产生交流电动势，当风杯轴转动使电接簧片接触时就可发出电接信号。每次风程为 200 m（风杯转动 80 圈）时，接点就接触一次，记录器笔尖就在自记纸风速坐标上向上（或向下）移动 1/3 格（3 次移动一格），风速笔尖在自记纸上移动一格，表示平均风速 1 m/s。根据笔尖 10 min 内在坐标纸移动的格数就可以求出平均风速。

② 指示器　指示器由电源、瞬时风向、瞬时风速指示盘等组成，用以观测瞬时风向、风速（图 4-8a）。

③记录器 记录器由风向、风速电磁铁、自记钟、自记笔、笔挡、充放电线路等部分组成(图4-8b)。风向记录部分由8个风向电磁铁组成,每2个为一组,控制一支自记笔,每隔两分半钟,电路接通一次,笔尖在自记纸上向上或向下划出一根短线。风速自记笔由一个风速电磁铁控制。

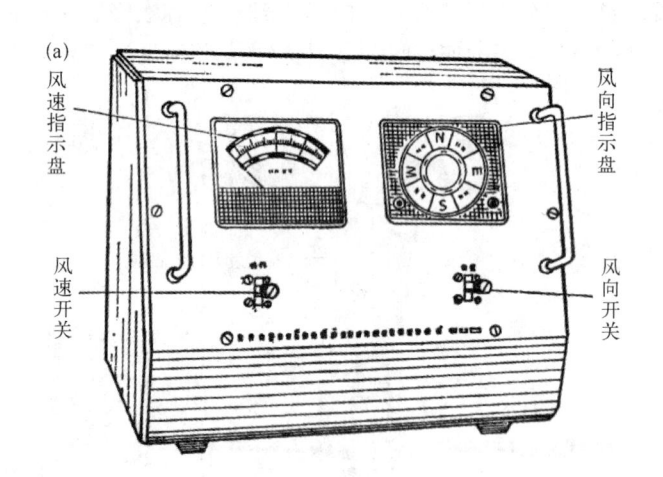

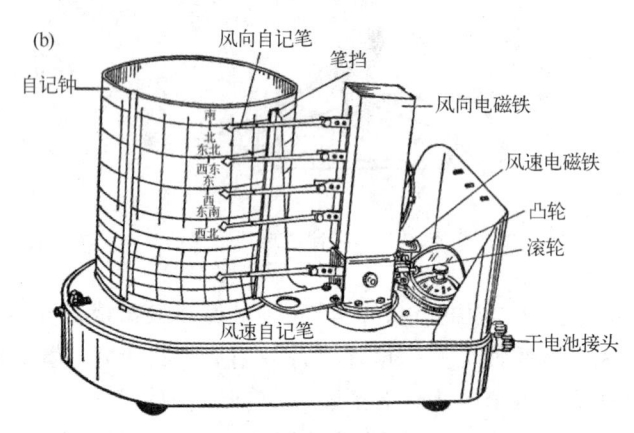

图4-8 EL型风向风速计指示器和记录器
(a)风向、风速指示器;(b)风向、风速记录器

(2)仪器安装

安装时感应器中轴保持垂直,方位指南杆指向正南,安装在牢固的高杆或塔架上,并附设避雷装置。风速感应器(风杯中心)距地高度10~12 m。

指示器、记录器应平稳地安放在值班室内桌面上,用电缆与感应器相连接。电源使用交流电(220 V)或干电池(12 V)。

(3) 观测与记录

打开指示器的风向、风速开关,观测两分钟内风速指针摆动的平均位置,小数位补零,读取整数。风速小时,把风速开关拨在"20"档,读数取 0～20 m/s 的标尺刻度;风速大时,把风速开关拨在"40"档,读数取 0～40 m/s 的标尺刻度。在观测风速的同时,观测风向指示灯,读两分钟内的最多风向,用十六方位对应符号记录。

静风时,风速记 0.0,风向记为 C。平均风速大于 40.0 m/s,记为＞40。做日合计、日平均时,按 40.0 m/s 统计。

(4) 自记纸的整理

① 风速记录整理　计算正点前 10 min 内的风速,按迹线通过自记纸上平分格线的格数计算(1 格相当于 1.0 m/s)。例如通过 5 格记 5.0,$3\frac{1}{3}$ 格记 3.3,$2\frac{2}{3}$ 格记 2.7。风速画平线时记 0.0,同时风向记 C。

风速自记部分是按空气行程 200 m 电接一次,风速自记笔相应跳动一次来记录的。如 10 min 内跳动一次,风速便是 0.3 m/s(即 200 m/600 s);如 10 min 内笔尖跳动两次,风速便是 0.7 m/s(即 400m/600 s)。因此,风速的小数位只能是 0.3 和 0.7。

② 风向记录整理　从各正点前 10 min 内的五次风向记录中挑取出现次数最多的。如最多风向有两个出现次数相同,应舍去最左面的一次划线,而在其余四次划线中来挑取;若仍有两个风向相同,再舍去左面的一次划线,按右面的三次划线来挑取。如五次划线均为不同方向,则以最右面的一次划线的方向作为该时记录。

若 10 min 平均风速为 0 时,则不论风向划线如何,风向均应记 C。

3. 三杯轻便风向风速表

三杯轻便风向风速表是测量风向和 1 分钟内平均风速的仪器,适用于野外考察。

(1) 构造及工作原理

仪器由风向(包括风向标、方向盘、制动小套)、风速部分(包括十字护架、风杯、风速表主体)和手柄三部分组成,如图 4-9 所示。

当按下风速按钮,启动风速表后,风杯随风转动,带动风速表主体内的齿轮组,指针在刻度盘上指示出风速。同时,时间控制系统也开始工作,待 1 分钟后自动停止计时,风速指针也停止转动。

指示风向的方位盘,是一磁罗盘,当制动小套打开后,罗盘按地磁子午线的方向稳定下来,风向标随风摆动,其指针即指出当时风向。

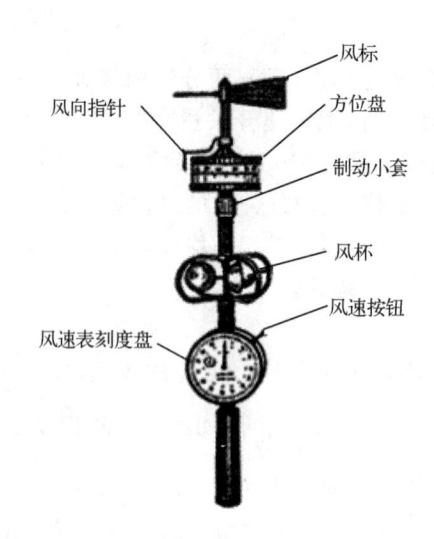

图 4-9　DEM6 型轻便三杯风向风速表示意图

(2)观测方法

观测前,将仪器从盒中取出,各部件安装到位,注意在拧紧各部件连接螺丝时,切勿拧松各齿轮和固定螺钉。仪器在拿出过程中,应手持手柄,保持风标朝上,避免碰到其他物体。观测步骤和要求如下:

①观测时应将仪器带至空旷处,由观测者手持仪器,高出头部并保持垂直,风速表刻度盘与当时风向平行;然后,将方位盘的制动小套向右转一角度,注视风向标约 2 min,记录其摆动范围的中间位置。

②在观测风向时,待风杯转动约半分钟后,按下风速按钮,启动仪器,又待指针自动停转后,读出风速示值(m/s)。将此值从该仪器订正曲线上查出实际风速,取 1 位小数。

③观测完毕,将方位盘制动小套向左转一角度,固定好方位盘。将仪器各组成部分卸下,放回盒中。拆分部件时应特别注意不要拧错齿轮固定螺钉。

4. 热球微风仪

热球微风仪可以测定微小的风速(0.05m/s 的风速)。它主要用于测量农田株间或温室、大棚内微小气流。热球微风仪所测出的风速是瞬时风速,若要测出平均风速则需要多次读数,取平均值。见图 4-10。

(1)构造及工作原理

热球微风仪主要由感应部分和电流表两部分组成。热球微风仪的感应部分是一段固定在支架上的,直径约为 0.6 mm 的玻璃球。球内绕有加热玻璃球用的镍铬线圈和热电偶的热端点,热电偶的冷端连接在支架上,直接暴露在空气中。当一

图 4-10　热球微风仪

定大小的电流加热线圈后,玻璃球温度升高,升高的程度和气流速度有关,流速小时升温高;流速大时升温低,温度的高低用玻璃球与支架之间的温差表示,该温差由热电偶测量得到。热电偶测量的温差电动势经过换算变成风速单位(m/s)并标在刻度盘上,以便直接读出风速(指示风速)的大小,用指示风速可从仪器所附的检定曲线上查出实际风速。

(2) 观测方法

① 不同型号的热球微风仪在操作上有细微差别,可参看仪器说明书。但应严格按照仪器说明书上的操作方法进行观测。操作中要注意避免碰断探头金属丝。

② 将测杆插头插入插座,感应器在关闭状态下调节电流表刻度盘的旋钮,先调"满度",后调"零位"。

③ 从测杆尾部推出热球探头,使其暴露在空气中。此时热球微风仪电表指针的位置表示的是瞬时风速。若在 5 min 内连续读取 30 个数据,取其平均值,便是 5 min 的平均风速。

④ 重复多次观测时,约 10 min 后必须将热球探头拉回测杆内,感应器在关闭状态下重新调整仪器的"满度"和"零位"后再继续观测。

第三节　仪器维护及注意事项

一、气压观测仪器的维护

1. 动槽式水银气压表的维护

应经常保持气压表的清洁。槽内水银面产生氧化物时,应及时清除。

2. 空盒气压表的维护

该仪器工作时必须水平放置,防止由于任意方向倾斜造成的仪器读数误差。

仪器必须定时检定。补充订正值不可超过 6 个月。

3. 气压计的维护

经常保持仪器的清洁。感应部分有灰尘时，可用干洁毛笔清扫。当发现记录迹线有"间断"或"阶梯"现象时，应及时检查自记笔尖对自记纸的压力是否合适。

二、测风仪器维护

1. EL 型电接风向风速计

(1)电池电压不足 8.5 V，仪器不能正常工作，须全部更换新电池。

(2)正确调节笔杆压力，勿使风向划线后笔尖复位超过基线过多，避免造成判断错误。

(3)注意保持五个笔尖在同一时间线上。移动、清洗或调换笔尖时，均应注意勿使笔杆变形；感到难于拨动时，可先将笔杆拆下来，再细心处理。

2. 三杯轻便风向风速表的维护

(1)保持仪器清洁、干燥，若仪器被雨、雪打湿，使用后用软布擦拭干净。

(2)仪器避免碰撞和震动。非观测期间，仪器要放在盒内，切勿用手摸风杯。

(3)平时不要随便按风速按钮，计时器在运转过程中，严禁再按该按钮。

(4)各齿轮和固定螺钉不得随意松动。

(5)仪器使用 120 小时后，须重新检定。

3. 热球微风仪的维护

(1)感应球不能长期暴露在空气中，不得用手触摸。

(2)保持仪器清洁，尤其玻璃球不能有水滴。

(3)切勿随意拆卸仪器，本仪器应每年校准一次。

(4)仪器长期不用时，应将电池取出，以免电池漏液，损坏机件。

复习思考题

1. 试述水银气压表的观测方法。
2. 如何使用 EL 型电接风向风速计的记录器观测风向风速？
3. 试述三杯轻便风向风速表的使用方法与注意事项。
4. 热球微风仪在观测中应怎样操作才能得到正确的观测值？

第五章 降水、蒸发和云的观测

第一节 降水的观测

由于云内及云层到地面间气层的温度、气流分布等状况的差异,降水具有不同的形态,包括雨、雪、米雪、霰、冰粒、冰雹等。降水观测主要包括观测降水量和降水强度。

一、降水量、降水强度划分

降水量是指从天空降落到地面的液态或固态(经融化后)降水,未经蒸发、渗透、流失而积聚在水平面上的水层深度,以 mm(毫米)为单位,保留一位小数。

单位时间内的降水量,称为降水强度(mm/d, mm/h)。按降水强度的大小可将雨分为小雨、中雨、大雨、暴雨、大暴雨和特大暴雨等;降雪也分为小雪、中雪和大雪。

表 5-1 降水等级划分

降水等级	24 小时降水总量 (mm)	现象描述
小雨	0.1～9.9	雨滴清晰可辨,落到硬地面不四溅,地面泥水浅注形成很慢
中雨	10.0～24.9	雨落如线,雨滴不易分辨;落硬地面上即四溅;水注形成很快
大雨	25.0～49.9	雨如倾盆,模糊成片,雨声激烈,下到硬地面四溅高达数寸,水潭形成极快
暴雨	50.0～99.9	
大暴雨	100.0～249.9	
特大暴雨	≥250	特大暴雨会造成严重的洪涝灾害和地质灾害
小雪	≤2.4	积雪深度在 3 cm 以下,踩在雪上有明显的脚印
中雪	2.5～5.0	积雪深度 3～5 cm,踩在雪上有了深深的脚印,快要没过鞋面了
大雪	5.0～9.9	走路略感吃力
暴雪	≥10.0	

二、降水量的测定

人工测量降水的仪器有雨量器、虹吸式雨量计。在人工观测时期,虹吸式雨量计是用来连续记录液体降水量、降水起止时间、降水时数和降水强度的自记仪器,目前已由雨量传感器代替。

1. 雨量器

(1)仪器构造和安装

雨量器由雨量筒与量杯组成。雨量筒用来承接降水,它包括承水器、贮水瓶和外筒。我国采用直径为 20 cm 正圆形承水器,其口缘镶有内直外斜刀刃形的铜圈,以防雨滴溅入和筒口变形(图 5-1)。冬季下大雪时,为了避免降雪堆积在漏斗中,被风吹出或溢出器外,可将漏斗取下或将漏斗口换成同面积的承雪口。雨量器安装在观测场内固定架子上。器口保持水平,距地面高 70 cm。

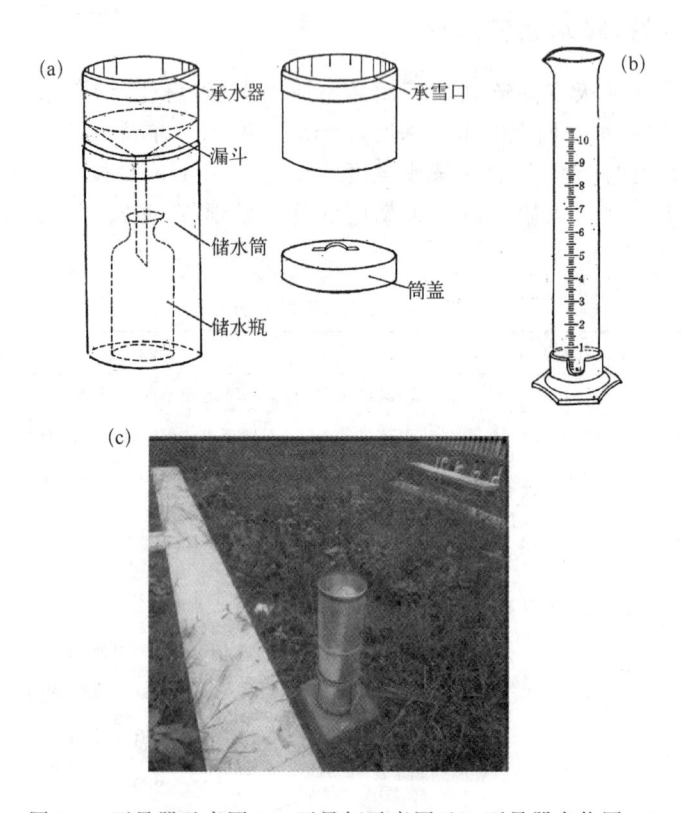

图 5-1 雨量器示意图(a);雨量杯示意图(b);雨量器实物图(c)

(2) 测量原理

设雨量器筒口的面积为 S，筒内水深为 H，筒中水的体积为：$V=H \cdot S$；量杯口的面积为 g，杯内水深为 h，杯中水的体积为：$V=h \cdot g$。

因为：
$$H \cdot S = h \cdot g$$

所以：
$$h = \frac{S}{g} \cdot H$$

以口径 20 cm 的雨量器配备口径 4 cm 的量杯为例，雨量器内水层深度在量杯中的高度为：

$$h = \frac{S}{g} \cdot H = \frac{\pi \cdot 10^2}{\pi \cdot 2^2} \times H = 25H$$

由此可见，雨量杯中的水层深度比雨量器中的水层深度扩大了 25 倍，雨量杯上的刻度就是根据这个比例来刻制的。雨量杯上有 100 分度，每 1 分度等于雨量筒内水深 0.1 mm。因此，一定口径的雨量筒必须配备口径与其相应的雨量杯。

(3) 观测和记录方法

每天 08 时、20 时观测前 12 小时降水量。观测时将空的储水瓶换取有降水的储水瓶，然后将瓶内的降水倒入雨量杯，用食指和拇指夹住雨量杯上端，使其自由下垂，视线与水面齐平，以水凹面为准，读得的刻度数即为降水量。冬季降雪时，用备份的储水筒换取有固体降水的储水筒，盖上筒盖取回室内，等固体降水完全融化后，用量杯量取。

无降水时，降水量栏空白不填。当降水量不足 0.05 mm 或观测前确有微量降水，因蒸发过速，观测时已经没有了，降水量记 0.0。

在炎热干燥的日子，为防止蒸发，降水停止后，要及时进行观测。

在降水较大时，应视降水情况增加人工观测次数，求其总和。以免降水溢出雨量筒。出现这样的情况要特别重视，因为此时的降水记录尤为重要。

雨量器因结构简单，观测方便，在农田观测中仍然可以使用。

2. 虹吸式雨量计

(1) 仪器构造

虹吸式雨量计由承水器（通常口径为 20 cm）、浮子室、自记钟和虹吸管等组成，测量最小分度为 0.1 mm（图 5-2）。

降水从承水口落入，由承水器锥形大漏斗汇总，由导水管流经小漏斗进入浮子室。浮子室内水位上升，同时装在钟筒上的自记纸随自记钟旋转。

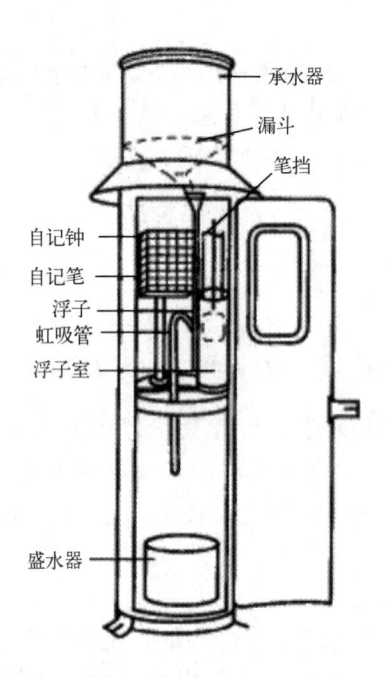

图 5-2 虹吸式雨量计

当笔尖升到自记纸 10 mm 线上时,浮子室内水位恰好上升到虹吸管的弯曲部分,由于虹吸作用,水从虹吸管中自动溢出,浮子下降至笔尖指零线位置时停住,继续降水时重新开始记录。自记曲线的平缓程度表示了降水强度的大小,降水强度大,曲线斜率大,反之,曲线平缓。

(2)虹吸式雨量计的安装

雨量计应牢固、水平地安装在观测场内雨量器的附近。承水器口离地面的高度以仪器自身高度为准。安装好的雨量计要求做好以下检查:

①虹吸终止后,笔尖的位置恰好在自记纸的"0"线位置。

②虹吸管位置的检查,要求虹吸管在笔尖正好到 10 mm 线时开始排水。

③钟筒垂直情况检查。要求虹吸时笔尖下降所划的线与自记纸上的时间线吻合。

(3)虹吸式雨量计的观测、记录方法

①无降水时,自记纸可连续使用 8~10 天,用加注 1.0 mm 水量的办法来抬高笔位,以免每日迹线重叠。

②在必须换纸时有降水(自记迹线上升≥0.1 mm),应在记录开始和终止的两端做时间记号。

③当自记纸上有降水记录,换纸时无降水,则在换纸前应作人工虹吸(给承水

器注水产生虹吸),使笔尖回到自记纸"0"线位置。若换纸时正在降水,则不作人工虹吸。

④当自记钟在 24 小时误差达 1 分钟或以上时自记纸需作时间订正。

因结冰和固态降水影响,有的地区只在一年中的部分时间使用虹吸式雨量计进行观测。

第二节 蒸发量的观测

由于蒸发而消耗的水量即蒸发量,气象站测定的蒸发量是水面蒸发量,它是指一定口径的蒸发器中,在一定时间间隔内因蒸发而失去的水层深度,单位为 mm,取 1 位小数。蒸发量人工测量仪器有小型蒸发器和 E-601B 型蒸发器。

一、小型蒸发器

1. 构造

小型蒸发器为口径 20 cm,高约 10 cm 的金属圆盆,口缘镶有内直外斜的刀刃形铜圈,器旁有一倒水小嘴(图 5-3)。为防止鸟兽饮水,器口附有一个上端向外张开成喇叭状的金属丝网圈(防鸟罩),无降水时,该网罩应罩在器口上。

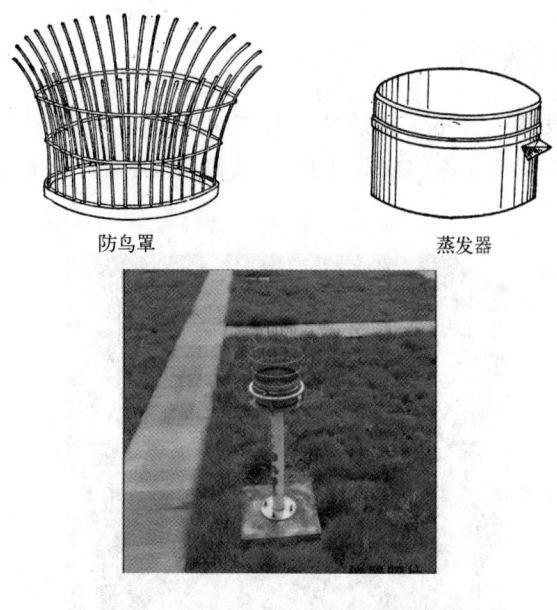

图 5-3 小型蒸发器

2. 安装及观测

小型蒸发器安置在雨量筒附近,终日能受到阳光照射的地方。要求器口水平,口缘距地面高度为 70 cm。

每天 20 时观测,首先测量并记录经过 24 h 后蒸发器内剩余水量,然后重新注入 20 mm 清水(原量),并记入第二天观测簿原量栏。

3. 记录与注意事项

(1)20 时获得的 24 h 蒸发量＝原量＋前 24 h 降水量－剩余量。如果蒸发器内水蒸发干,则记为＞20.0 mm(如原量为 30 mm,记为＞30.0 mm)。

(2)有降水时,应及时取下防鸟罩,以免造成测量误差。有强降水时,应注意及时从蒸发器内取出一定的水量,以防水溢出。取出的水量及时记入观测簿备注栏,并加在该日的"余量"中。因降水或其他原因,致使蒸发量为负值时,记 0.0。

小型蒸发器主要用于一般站观测。由于受蒸发器口径大小、安置状态等因素的影响,小型蒸发器的准确性较差,仅能代表该处特定环境下的蒸发量,但小型蒸发器构造简单,操作方便,且有较长期的观测资料。文献表明:小型蒸发器蒸发量与 E-601B 型蒸发器蒸发量存在很好的线性相关关系,所得资料仍有一定的使用价值。

二、E-601B 型蒸发器

E-601B 型蒸发器主要用于基准站和基本站的日常蒸发量的测量。与小型蒸发器相比,E-601B 型蒸发器的仪器结构、安装高度、周围环境等更具合理性、科学性(图 5-4)。

图 5-4　E-601B 型蒸发器

1. 观测与记录

人工观测时先调整测针针尖与水面恰好相接,然后从游标尺上读取水面高度,根据每天水位变化与降水量计算蒸发量。再按照以下计算公式进行计算求得:

蒸发量＝原量(前一日的水面高度)＋降水量(以雨量器测量为准)－测量时水面高度。

2. 自动观测

根据超声波测距原理,选用高精度超声波探头,对 E-601B 型蒸发器内水面高度变化进行检测,转换成电信号输出,可进行蒸发量的自动观测(图 5-4)。详见第八章。

第三节 云的观测

虽然目前台站只观测总云量、低云量和云高,但云的形状千变万化,一定的云状、云量有指示未来天气变化的作用。因此,掌握基本的观云测天知识还是必要的。

一、云的分类及云状的观测

在我国现行观测规范中,根据云的外形特征、结构特点和云底高度,将云分为 3 族 10 属 29 类(表 5-2)。

表 5-2 云状的分类和主要特征

云族	云属		云类		云状特征及其所预兆的天气
	学名	简写	学名	简写	
低云	积云	Cu	淡积云	Cu hum	云块孤立分散,个体不大,垂直向上发展,顶部呈圆弧形凸起而底部几乎是水平的云块。薄的云块呈白色,厚的云块中部有暗影。云块若不发展,预兆晴天。若垂直发展增大、增厚,云内翻滚沸腾,顶似花椰菜,则预兆有阵性风雨
			碎积云	Fc	
			浓积云	Cu cong	
	积雨云	Cb	秃积雨云	Cb calv	云体浓厚庞大,垂直发展极盛,远看很像耸立的高山,云顶由冰晶组成,有白色毛丝般光泽的丝缕构成,常呈铁砧状或马鬃状。云底阴暗混乱,起伏明显,有时呈悬球状结构,常有雷暴或阵雨(雪),有时也有冰雹
			鬃积雨云	Cb cap	
	层积云	Sc	透光层积云	Sc tra	由团状、薄片或条形云等组成的云群或云层,常成行、成群或波状排列,云块个体都相当大。云层有时布满全天,有时分布稀疏,常呈灰色、灰白色,常有若干部分比较阴暗。一般表示天气比较稳定。但低而厚的层积云,有时也可降雨、雪,但较微弱
			蔽光层积云	Sc op	
			积云性层积云	Sc cug	
			堡状层积云	Sc cast	
			荚状层积云	Sc lent	

续表

云族	云属		云类		云状特征及其所预兆的天气
	学名	简写	学名	简写	
低云	层云	St	层云	St	云底低而均匀的云层,像雾,但不接地,呈灰色或灰白色。层云有时会下毛毛雨
			碎层云	Fs	
	雨层云	Ns	雨层云	Ns	厚而均匀的降水云层,完全遮日月,呈暗灰色,布满全天。常有连续性降水
			碎雨云	Fn	
中云	高层云	As	透光高层云	As tra	云体均匀成层,呈灰色或灰白色,有时微带蓝色,云底常有条纹结构,常布满全天。薄的高层云使日月轮廓模糊,似乎隔了一层毛玻璃,厚的则完全遮蔽日月,使天空阴暗,厚的高层云常有雨雪产生
			蔽光高层云	As op	
	高积云	Ac	透光高积云	Ac tra	云块较小,轮廓分明,薄的云块呈白色,厚的云块呈暗灰色。常呈扁圆形、瓦块状、鱼鳞片或水波状的密集云条。常成群、成行、成波状排列。在薄的高积云上,常有环绕日月的虹彩,或颜色为外红内蓝的环,由厚变薄的高积云预示天晴,由薄变厚的高积云预示天气将转阴雨
			蔽光高积云	Ac op	
			荚状高积云	Ac lent	
			积云性高积云	Ac cug	
			絮状高积云	Ac flo	
			堡状高积云	Ac cast	
高云	卷云	Ci	毛卷云	Ci fil	云体具有丝缕状结构,常呈白色,无暗形,有毛丝般的光泽,多呈丝条状、羽毛状、马尾状、钩状、团簇状、片状、砧状等。一般预示天气晴好,但带钩状的卷云,如系统发展,常是天气转坏的预兆
			密卷云	Ci dens	
			伪卷云	Ci not	
			钩卷云	Ci unc	
	卷层云	Cs	毛卷层云	Cs fil	云体均匀成层,透明或呈乳白色,透过云层日月轮廓清楚,地物有影,白天,阳光通过卷层云时,常出现环绕太阳的光环,色带排列为内红外紫,称之为日晕。晚上,月光通过时,也会出现环绕月亮的光环,但常呈白色,称之为月晕。日晕和月晕是天气变坏的预兆
			匀卷层云	Cs ncbu	
	卷积云	Cc	卷积云	Cc	云块很小,呈白色细鳞片状,常成行、成群地排列整齐,很像清风吹拂水面而引起的小波纹。这种云如连续发展,则预示将要出现阴雨、大风天气

云状记录按"云状分类表"中二十九类云的简写字母记载。多种云状出现时,云量多的云状记在前面;云量相同时,记录先后次序自定;无云时,云状栏空白。

二、云量

1. 云量的观测

云量是指云遮蔽天空视野的成数。观测时包括总云量、低云量。总云量是指观测时天空被所有的云遮蔽的总成数,低云量是指天空被低云族的云所遮蔽的成数,均记整数。

2. 云量的记录

全天无云,总云量记 0;天空完全为云所遮蔽,记 10;天空完全为云所遮蔽,但只要从云隙中可见青天,则记 10⁻;云占全天十分之一,总云量记 1;云占全天十分之二,总云量记 2,其余依此类推。

天空有少许云,其量不到天空的十分之零点 5 时,总云量记 0。低云量的记录方法与总云量相同。

第四节 仪器维护及注意事项

一、降水仪器的维护

1. 雨量器的维护

(1) 经常保持雨量器清洁,每次巡视仪器时,注意清除承水器、储水瓶内的昆虫、尘土、树叶等杂物。

(2) 定期检查雨量器的高度、水平,发现不符合要求时应及时纠正。

(3) 承水器的刀刃口要保持正圆,避免碰撞变形。

2. 雨量计的维护

(1) 虹吸管与浮子室侧管连接处应紧密衔接,虹吸管内壁和浮子室内不得沾附油污,以防漏水或漏气而影响正常虹吸。

(2) 浮子直杆与浮子室顶盖上的直柱应保持清洁,无锈蚀;两者应保持平行,以减小摩擦,避免产生不正常记录。

(3) 在初结冰前,应把浮子室内的水排尽;冰冻期长的地区,应将内部机件拆回室内保管。

二、蒸发仪器的维护

1. 小型蒸发器

(1) 每天观测后均应清洗蒸发器,并换用干净水。冬季结冰期间,可 10 天换一次水。应经常注意器内水面状况,当有小虫、杂草等落入器内时,应用镊子及时清除。

(2) 应定期检查蒸发器是否水平,有无漏水现象,并及时纠正。器口应避免碰撞,防止变形。

2. E-601B 型蒸发器的维护

蒸发器用水尽可能用代表当地自然水体(江、河、湖)的水。器内水要保持清洁,水面无漂浮物,水中无小虫及悬浮污物,无青苔,水色无显著改变。一般每月换一次水。蒸发器换水时应清洗蒸发桶,换入水的温度应与原有水的温度相接近。

定期检查蒸发器的安装情况,如发现高度不准、不水平等,要及时予以纠正。

复习思考题

1. 如何观测降水量?降水量记载栏中,降水量记为 0.1、0.0 和没有记录分别表示什么意义?
2. 如何使用蒸发器观测蒸发量?
3. 云状的分类有哪些?掌握各类别云的特征。

第六章 农业小气候观测

农作物生长在 2 m 以下的贴地层内,而贴地层容易按照人们所需要的目的来加以改变。研究农业小气候的目的,就是对农业生产中的各类农业小气候环境进行鉴定评价和调控改善,使农田中的小气候向生产所需要的方向变化,为农业生物选择和创造一个适宜的小气候环境。因此,农业小气候分析和调控对农业生产有重大的意义。

大气候观测的气象要素都是在地势平坦,四周空旷的观测场中进行的,温度、湿度都是从 2 m 高的百叶箱中观测来的,测风的仪器则在更高的地方观测。所以大气候把农田各种局地因素的影响完全忽略掉了,不能表达出某一特定田块的农业气象环境。必须很具体细致地根据每一田地的小气候特性,来做农业气象鉴定和农田小气候特征分析。

农业小气候观测不同于大气候观测,它没有长期、固定的观测场地,也没有统一的观测规范,观测内容通常根据观测任务而定。

根据不同下垫面的性质,农业小气候可分为农田小气候、果园小气候、温室小气候、畜舍小气候等。其垂直尺度一般不超过 10 m,水平尺度通常为几米到几百米。

由于篇幅有限,本章主要介绍农田小气候和温室小气候观测。

第一节 农田小气候观测

农田小气候是指农田贴地气层、土层与作物群体之间的物理过程和生物过程相互作用所形成的小范围气候环境。常以农田贴地层中的辐射、空气温湿度、风、二氧化碳及土壤温度等农业气象要素的量值来表示。掌握正确的农田小气候观测方法,获得翔实的农田小气候观测资料,是农田小气候调查、对比分析、实验研究及调控工作的基础。

一、农田小气候观测的一般原则

农田小气候必须依据研究目的和对象来制定观测方案。以便用较少的人力物力取得最好的效果。首先要考虑在作物生育的关键期和对影响作物正常生育的主要气象要素进行观测。

农田小气候观测遵循平行观测法的原则,即在观测农田小气候的同时,必须进行物候等观测。这样才能从生物学和农业生产角度来评价农业小气候效果及农业经济效益,达到观测目的。

农田小气候尺度小,所产生的小气候差异不易被混合。因此,小气候特征一旦形成就相对稳定,农田小气候观测无须像气象台站那样逐日观测。一般只需选择不同季节、生物的不同生育阶段、典型的天气状况下进行短期观测,即可确认农田的小气候特征。所以只要选各种天气型(晴、多云、阴)各观测若干天就行了。

每天的观测时间按以下原则进行选择:

(1)大气候观测的时间必须观测,便于比较。

(2)所选时间的观测资料,应可表达出气象要素的日变化、平均值、极值及出现时间。

(3)可反映出农田中气象要素的垂直分布类型,如温度的日射型、辐射型等。

农田小气候的观测时间,须根据试验目的、作物生长情况、天气条件、气象要素变化特点等因素来确定。

1. 观测项目

由观测目的确定观测项目。观测项目除了包括所要观测的农业气象要素,还要考虑到通过观测值计算出相应的项目,如平均值、极值、通量等。

2. 仪器选择

农业小气候观测仪器的选择以适用为主,原则上不能破坏农业小气候系统内固有的小气候特征。一般要求灵敏度高,便于携带。此外,为了能够相互比较各个测点的观测结果,应选用构造和特征相同的仪器。

3. 观测地段选择

农业小气候观测点选择正确与否,对揭示农业小气候特征有很大影响。观测地段要有代表性和独立性,即选择的观测地点能够反映具有代表性品种、农业技术措施、土壤性质等符合当地的一般实际情况的地段;农业小气候系统必须能独立反映出不受其他特殊环境影响特有的农业小气候特征。

二、测点布置、观测高度和仪器安装

1. 观测点选择

(1)观测点的代表性

观测点的代表性是指在观测地段所设置的观测点观测到的气象要素能表达特定区域的小气候状况。如研究农田小气候,观测点要求设置在植株高低一致、生长均匀,且不受到其他因素影响的地段。这样,所取得的资料才能反映出该作物田块的小气候特点。

(2)观测点的比较性

观测点的比较性是指不同下垫面或生物环境中观测的资料能够相互进行比较。如作物地同裸地进行比较,灌溉地同非灌溉地比较,地膜覆盖与非地膜覆盖比较等。其目的是通过对比观测,找出它们的差异,从而才能分析出不同的小气候特征和改善农业技术措施后的小气候效应。

2. 测点及观测高度的设置

(1)测点设置

农田小气候观测点可分为基本测点和辅助测点。基本测点是农田小气候观测的主要测点,农田小气候特征是通过基本测点来取得的。因此,该测点应设置在最有代表性的地段上。观测项目比较齐全,观测时间、次数比较固定。基本测点可用农田小气候观测仪来进行观测。

设置辅助测点是为弥补基本测点资料不足,它可以是流动的,也可以是固定的。观测的项目、时间尽量与基本测点保持一致,观测次数可以少于基本测点。测点的多少依据研究目的、要求和作物的实际情况而定。

(2)观测高度

观测高度通常根据作物的生长状况、气象要素特点和研究目的而定。一般在靠近地面(活动面)气象要素变化愈剧烈的地方观测高度密一些,远离地面的地方可稀一些。但必须包括 25 cm、2/3 株高和 150 cm 三个高度。25 cm 高度处的观测数据能代表贴地层的情况,同时也是叶面积指数最大的部位,既能表达近地层的气象状况,又是气象要素垂直变化的转折点。2/3 株高是植株茎叶茂密的地方,气象要素在此高度上变化较大,可表达农作物活动层情况。150 cm 高度的观测是便于与大气候观测资料相比较。高秆作物可在 300 cm 高度处设置一个观测层次。

土壤温度的观测深度,常用 0 cm、5 cm、10 cm、15 cm、20 cm。在生长旺盛期可增加 40 cm 等深度。了解土壤的基本参数后,也可通过土壤温波方程推算出土壤温度随时间和深度的分布。

光照观测层次相对比空气温度、湿度的层次多一些。可等距离分若干层次(每层相距 10~20 cm,上、下往返一次取其平均),观测层次至少要包括作物基部、2/3 株高和植株顶上方三个高度。选择株顶高度是为了与自然光照进行比较。

总之,观测高度的设置是为了揭示气象要素的铅直分布和各层的日变化规律,因而在实际工作中应视作物状况、试验目的而定。

3. 仪器安装

仪器安装以避免干扰和方便观测为原则。辐射和光照仪器必须水平和避免遮阳。温、湿度仪器要避免辐射的影响,测风仪器和气体测量仪器应安装在观测员所处的上风方向。

农田小气候观测架是进行农田小气候观测必不可少的设备,用以架设观测仪器及仪器的传感器,观测架应轻便、易装卸。尤其是所用材料宜细小、坚固,避免对周围小气候的影响。

在辅助测点采用人工观测时,通常将观测仪器安置在特制的高度约 2.2 m 的测杆上,测杆下端牢固地插入地中,上部漆成白色并标有刻度(图 6-1)。测杆上可悬挂通风干湿表,轻便风向风速表及防辐射罩。

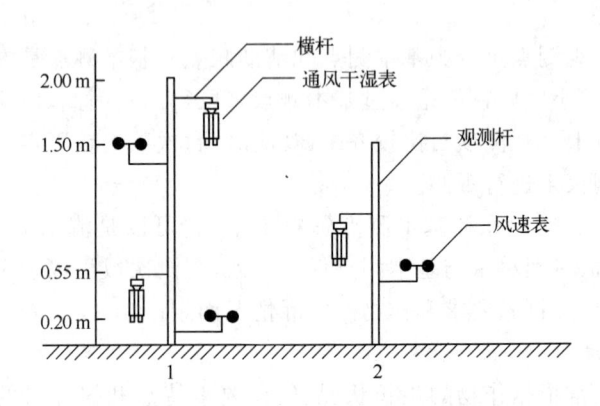

图 6-1 仪器安放示意图

野外人工观测中常使用简易的防辐射罩。防辐射罩漆成白色的,可反射太阳辐射。防辐射罩是一种利用自然通风,结构简单的防辐射设施。图 6-2 为一简易的木制温度表防辐射罩,可将温度表和最高、最低温度表放置罩内。

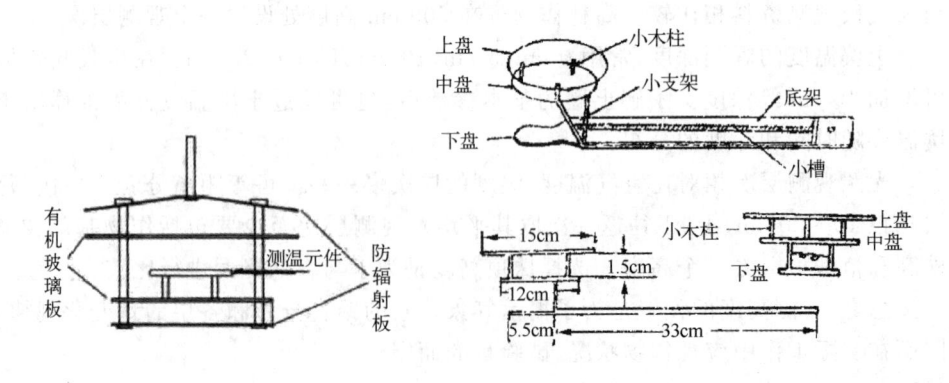

图 6-2 防辐射罩

图 6-2 所示的防辐射罩上盘的大小可根据观测点的纬度、观测时段的太阳高度角而定。以能阻挡太阳辐射，使温度表在观测中不受到太阳光直射为原则。

其上板为伞形，下面为防辐射板，温湿传感器置于罩的中部(图 6-2)。

三、观测方法

小气候观测也是气象观测的一部分，应充分掌握地面气象观测方法，这样才能得到合理的小气候观测结果。

1. 辐射的观测

(1) 测点分布(图 6-3)

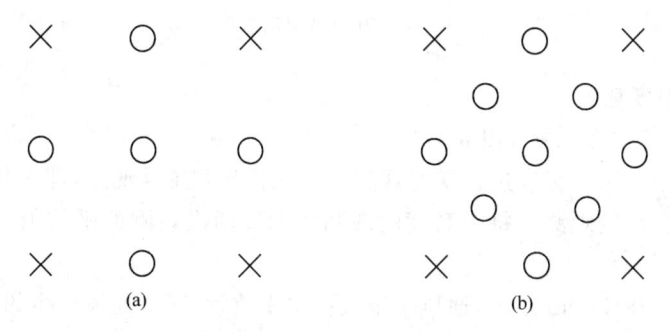

```
  ×    ○    ×         ×    ○    ×
                           ○  ○
  ○    ○    ○         ○         ○
                           ○  ○
  ×    ○    ×         ×    ○    ×
       (a)                 (b)
```

图 6-3 测点分布示意图

(a 为 5 个测点，b 为 9 个测点。× 为植株位置，○ 为测点位置)

研究资料表明，两种布点方法的相对变率分别为 22.6% 和 17.6%。因此，至少要采用 5 个测点。

(2) 观测仪器

观测辐射的仪器一般使用天空辐射表、净辐射表、照度计等(参看第二章)。

在着手进行辐射观测之前，要记录日光状况，即云遮蔽日光的程度。

在野外实际工作中，通常不将天空辐射表固定使用，而是将其安装在万向吊架上，架上自由下垂的重锤和活动圆环能保持仪器感应面水平。翻转吊架，感应面朝下，并自由下垂，可以测量地面或作物面的反射短波辐射，并用于计算地面反射率。这样既可保持辐射仪器感应面的水平又不破坏作物层的结构，方便观测(图 6-4)。

辐射能在植物层中减弱规律符合比尔定律。把在植被内观测到的辐射能随高度的变化点绘成图，倘若辐射能随高度的分布曲线基本符合比尔定律，则观测是成功的。

(a) 感应面朝上   (b) 感应面朝下

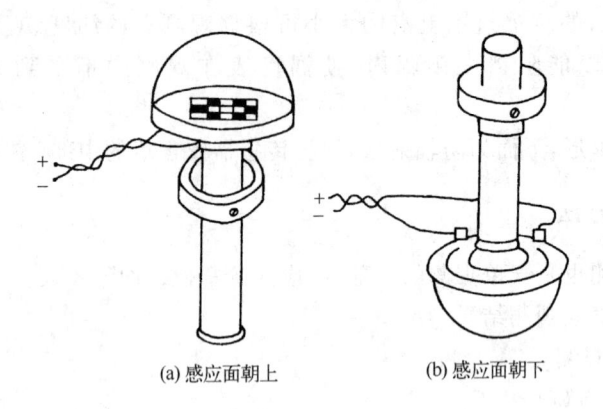

图 6-4 万向吊架示意图

2. 温、湿度观测

(1)通风干湿表观测（图 6-5）

使用一个通风干湿表进行梯度观测时，采取上下往返观测，即先从下而上，再从上而下在各高度观测。每一高度的观测数据取两次观测的平均值，这样可以消除时间误差。

观测高度在 50 cm 以下，通风干湿表应水平放置，减少通风产生的误差。

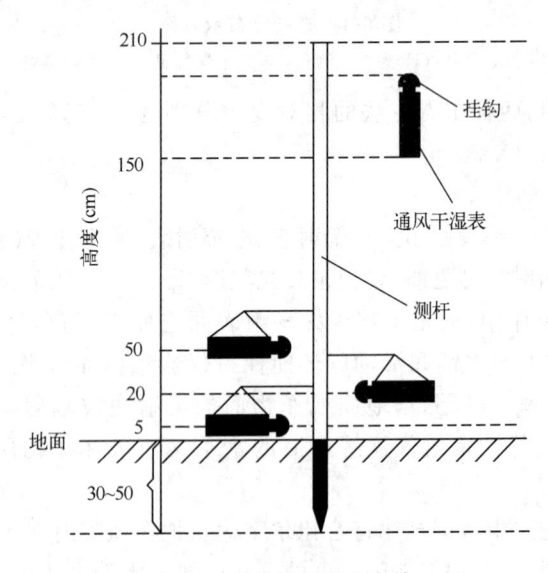

图 6-5 通风干湿表的安放

(2)普通温度表(干、湿球温度表)和最高、最低温度表观测

将安放有最高、最低温度表的温度表护罩安置在测杆左边;安放有干、湿球温度表的护罩放置在右边。安放时干球在前,湿球在后;最高温度表在前,最低温度表在后。注意防止最高温度表的水银上滑和最低温度表的游标下滑。

观测干、湿球温度表时,先给湿球加水,后读数。先读干球,后读湿球,先读小数,后读整数。观测的同时,记载当时的风向风速、云况等。若进行梯度观测,也须上下往返读数,取两次平均值记入表中。

悬挂通风干湿表和温度表护罩的测杆以木质为宜,测杆漆成白色,以避免辐射对测温仪器的影响(图6-6)。

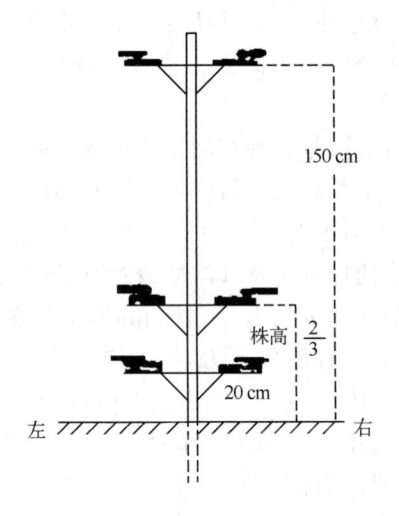

图6-6 安放干、湿球温度表和最高、最低温度表的测杆

在野外小气候考察中,使用温度表护罩中的干湿球温度表观测得到的干湿球温度值,可通过本书附表2查算相对湿度。使用通风干湿表观测得到的干湿球温度值可通过本书附表3查算相对湿度。

(3)土壤温、湿度的观测

土壤温度观测内容有:0 cm地温、地面最高温度、地面最低温度、5~20 cm各浅层土温。根据需要,也可测30 cm、50 cm深的土温。

土壤湿度一般是隔10 cm取一个深度,即0~10 cm、10~20 cm、20~30 cm等深度。视研究任务而定,也可测30~40 cm、40~50 cm。通过田间湿度测定,可以了解田间持水量、植物需水量及干湿程度对植物的影响。

①土壤温度观测

可选用曲管地温表、插入式地温表和利用土壤温度传感器的针式土壤温度计

进行观测。安装位置应在测杆南侧约 2 m 远的地方,以免测杆阻挡太阳。地面 0 cm、最高、最低温度表和曲管温度表的安装方法与观测场温度表安装方法相同,但应尽量避免作物根系受损。

观测时从东到西,由浅到深,即 0 cm、5 cm、10 cm、15 cm、20 cm 逐个读取,读数精确到 0.1℃。最高、最低地温观测方法与观测场地温相同。

地温表安装要求以及观测方法参看第三章。

②土壤湿度观测

土壤水分是农业小气候观测项目之一,应选择能够代表当地土壤性质、作物长势均匀一致的农田。常规的观测方法是烘干失重法(参看《农业气象观测规范》)。除此之外,也可使用时域反射法、张力计法观测土壤水分。

因为植物吸收土壤水分时必须克服土壤水势,通过张力计测量土壤水势来了解土壤水分情况有实际意义。

土壤张力计(又名负压计)是一种观测土壤水张力的直读仪器。其感应头是一微孔陶瓷管,管头封闭,后端与硬质塑料管连接,塑料管上端旁侧连一压力计,顶端安装有集气室,集气室顶开口处为一密封的橡胶塞,所有部件紧密粘接,密封不漏气。微孔陶瓷管的特点是能透过水及其溶质,在常压下不能透过空气。

当感应头周围土壤的含水量没有达到饱和时,水分在土壤毛细管中呈凹弯月面,它对周围的液体表面有一种附加压力,使不饱和的土壤具有吸水能力,因而能经过管壁把水吸出,造成管内产生一定的真空度(负压力),直到管内压力与周围土壤吸力达到平衡为止,此时压力计的指示值就是土壤的水势值。当土壤含水量处于饱和状态时,负压力为零。当探头处于含水层下时,压力计指示为正值,因而可以推算出地下水的水位。

张力计最佳的工作范围为相当狭窄的 $0 \sim 1.0 \times 10^5$ Pa,这正好是作物生长发育阶段湿润土壤的水势变化范围。

目前,由于灵敏压力计的应用,张力计还可以输出经过转换的电信号,与控制系统相连来控制水的喷灌系统。

3. 农田中风的观测

农田观测风的常用仪器是三杯轻便风向风速表和热球微风仪。前者常用于梯度观测,观测高度多采用 20 cm、2/3 株高和 150 cm 的高度。

微风仪观测到的是瞬时风速,它随时间变化很大。为了比较农田内外的风状况,须在农田内外各用一个微风仪进行同步观测若干分钟(如观测 2 min,其间每隔 2 s 读一次数)。农田测点视需要而定,根据风速资料,可求出农田内外的平均风速比(或称相对风速)和脉动风速比(或称相对脉动风速)。

设农田和对照点第 i 次的实际风速分别为 u_{1i} 和 u_{2i},在一定时间内共观测 N

次(一般可观测 2 min，则 $N=60$)，那么农田和对照点的平均风速即为它们的算术平均值。分别为：

$$\bar{u}_1 = \frac{1}{N}\sum_{i=1}^{N} u_{1i} \text{ 和 } \bar{u}_2 = \frac{1}{N}\sum_{i=1}^{N} u_{2i}$$

相对风速 u 为：$u = \dfrac{\bar{u}_1}{\bar{u}_2}$

式中：$\bar{u}_1$ 和 $\bar{u}_2$ 分别为农田和对照点的平均风速。

热球微风仪如若多次重复观测，大约在 10 min 后必须将热球压回套杆，重新调整满度和零度后方可继续测量。

四、观测顺序

往往一个测点上有多个观测项目，观测需要一定时间，必然使得各观测数据不是在同一时刻取得。为了消除时间误差，可以采用往返观测法。即各观测项目的数据应为正点前后两次观测读数的平均值(图 6-7)。

通常正点观测时间提前 10 min 开始，至正点后 10 min 终止。准备工作的时间应提前在正点 10 min 以前完成。一次观测的持续时间一般不能超过 20 min，尤其是在小气候要素时间变化较大的时候。

若布有多个测点，观测程序也应采用往返观测法，例如有三个测点，应为：1→2→3；3→2→1，然后取平均值。此外，观测的时间间隔越短越好(图 6-7)。

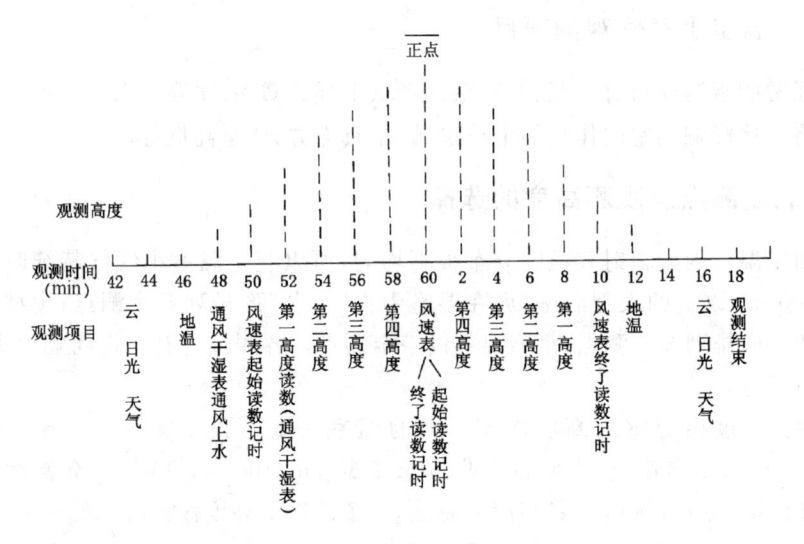

图 6-7 农业小气候观测程序示意图

五、重复读数

由于小气候观测的特殊性,因此,一次观测读数将会出现较大的偏差。如在夏季气温观测中,一次读数与多次重复读数的平均值相差 1℃ 左右。通风干湿表由于纱布湿润不够,通风速度不足,差值可达 2～3℃,由此得出的结果会严重歪曲小气候本身的特点。因此,在野外观测时必须坚持"重复读数"的原则。

小气候观测的重复读数是指在测量条件不变的情况下,对同一要素进行相等次数的重复测量所获得的观测数据。在等精度观测中,往往以各次读数的算数平均值作为各次读数同时出现的概率最大的最佳估计值。研究表明,野外小气候观测的重复读数次数在 10 min 内以 9～12 次为宜。

第二节 温室小气候观测

通过温室小气候观测,可鉴定温室小气候性能。也可以进行作物－温室环境的平行观测,以确定作物的农业气象指标或对温室调控措施的小气候效应进行鉴定。另外也可用于生产管理中的温室小气候监测。

温室小气候的观测应避免高大地物遮蔽。在温室群中选择处于上风向和遮阳较少的温室。

一、温室小气候观测项目

通常的观测项目有光照、空气温、湿度、土温、CO_2 浓度等。因为这些要素正常与否将直接影响温室内作物的生长状况、品质优劣、产量高低等。

二、观测点及观测高度的选择

由于温室内的辐射和温度分布很不均匀,所以鉴定温室小气候特征时测点较多。300 m² 以上的大型温室,可在温室中央"十"字形排列 5 个测点;中型温室随温室的走向排列 3 个测点;小型温室设一个测点。各测点要有一定间隔距离,室外应设对照点。

观测高度由温室的高度而定。大的温室一般可设 20 cm、50 cm、100 cm、150 cm、200 cm 各高度,中型温室设 20 cm、50 cm、100 cm、150 cm 各高度。小温室设 20 cm、50 cm、80 cm 各高度。总之,设置的观测高度没有严格的规定,应根据温室的面积、高度和室内植物高度灵活设置。观测仪器、仪器安装、观测时间、观测方法与农田小气候观测方法相同。

三、温室中 CO_2 浓度的观测

常用的仪器是红外 CO_2 气体分析仪。由于此仪器的自动化程度较高,可以快速测定、连续取样和自动记录,还可以测量微量级的 CO_2 浓度。因此,在现代农业气象观测中,这种物理学方法基本取代了以前的化学分析测定 CO_2 浓度的方法。

复习思考题

1. 农田小气候观测点的选择应遵循什么原则?
2. 为什么在农田观测中应采用往返观测法?

第七章 气象资料的统计、整理与分析

观测获得的气象资料,需经过统一规定的方法进行整理和统计才能成为农业生产需要的农业气象资料,在气象资料整理工作中,最基本的指标有平均值、极值、较差、变率和频率等。本章主要讲述地面基本气象观测资料、农业气候资料的整理、统计及初步分析。

第一节 气象观测资料的整理与统计

气象台站每天数次的观测记录,除了用于气象预报和其他形式的气象服务外,也是气象资料的来源。每日观测的气象资料每月、每年都需要进行统计分析,编制成地面气象月报表(气表－1)和地面基本气象观测年报表(气表－21)。

一、月地面气象记录处理和报表编制

地面气象记录月报表(气表－1)是在地面气象观测资料的基础上编制而成的。分为人工观测方式、自动观测方式、基准气候站三种格式。编制工作是在全月观测数据文件的基础上,由地面气象测报业务系统软件 OSSMO 自动生成地面气象记录月报表。月报表中除了定时记录、自记记录和日平均、日总量值外,还有经过初步整理的候、旬、月平均值、总量值、极端值、频率和百分率值,以及本月天气气候概况等。

地面气象记录年报表(气表—21)均按一种格式编制,内容按照现行《地面气象观测规范》的规定执行。

本教材仅介绍人工观测格式,以便对地面气象记录月报表的统计方法有一个初步的了解。

1. 观测记录的统计方法

(1)日、候、旬、月平均值的统计

气温、水汽压、相对湿度、总低云量、风速、地温等项的日平均值为该日相应要素各定时值之和除以定时次数而得。自动观测 24 次记录和基准站人工观测 24 次记录,须同时做 02 时、08 时、14 时、20 时 4 次日平均。

上述要素每旬应作旬平均,月终应作月平均(含自记风速)。旬、月平均值,均用纵行统计,即各定时及日平均的旬、月平均值,分别为该旬、月各定时及日平均的

旬、月合计的值除以该旬、月的日数而得。

(2)候平均气温

①候期的划分:每旬两候,每月六候。即每月1至5日为第一候,6至10日为第二候,……,26日至月末最后一日为第六候。每月第六候的日数,可为五天、六天,或三天、四天(候降水量同)。

②候平均气温的统计:候平均气温为该候各日平均气温(02时、08时、14时、20时4次平均)之和除以候的日数而得。

(3)日、候、旬、月平均值

所取小数位与相应要素记录的规定位数相同(平均云量取一位小数),计算时规定小数位后的小数四舍五入。

每天4次定时记录的纵行统计方法如表7-1所示。

表7-1 气象资料月报表(人工)

日期	气温 02	08	14	20	合计	平均
1	a	b	c	d	$a+b+c+d$	$(a+b+c+d)/4$
2						
上旬计	A_1				X_1	Y_1
中旬计	A_2				X_2	Y_2
下旬计	A_3				X_3	Y_3
下旬平均	A_3/n				X_3/n	Y_3/n
月合计	$A_1+A_2+A_3$				$X_1+X_2+X_3$	$Y_1+Y_2+Y_3$
月平均	$(A_1+A_2+A_3)/N$				$(X_1+X_2+X_3)/N$	$(Y_1+Y_2+Y_3)/N$

注:n为下旬日数;N为该月日数

横行统计方法:该月各日四次时观测值累加,为日合计,再被 4 除之,为日平均值。

详见附表 4(地面气象观测月报表)。

2. 旬、月总量值的统计

降水量、蒸发量、日照时数等均统计总量值。将各项合计栏,每旬应做旬合计,月终应作月合计。旬、月总量值,均由逐日合计值累加而得。

3. 月极值及出现日期的挑选

最高气温、最低气温、地面最高、最低温度等要素的月极值及出现日期,分别从逐日相关栏中挑取,并记其相应出现的日期。

4. 月日照百分率的统计

某地的日照条件,除了用日照时数和可照时数表示以外,还可以用日照百分率表示。月日照百分率,是表示某月日照总时数占该月可照总时数的百分比,即:

$$某月日照百分率 = \frac{某月日照总时数}{该月可照总时数} \times 100\%$$

月日照百分率取整数,小数四舍五入。

日照时数由观测得到的日照记录取得。可照时数则依据该地所在纬度从附表 1 中查取。纬度以 0.5°为最小值数(纬度的分位 $1' \sim 14'$,以 0.0°计;$15' \sim 44'$ 以 0.5°计,$45' \sim 59'$ 以 1.0°计)。

例如:从附表 1 中查得北纬 $27°46'$(以 28°计),8 月份的可照总时数为 405.2h,8 月份的日照总时数 318.9h,则该月日照百分率为:

$$\frac{318.9}{405.2} \times 100\% = 79\%$$

5. 风向、风速资料的整理与分析

(1)各风向月平均风速

根据定时风向风速观测值,分别统计出各个风向定时的风速合计及出现回数,填入相应栏内,按下式求出某风向月平均风速。

$$某风向月平均风速 = \frac{该风向的风速月合计}{该风向出现回数的月合计}$$

各风向月平均风速取一位小数。

(2)各风向频率

月的某风向频率,是表示月内该风向的出现回数占全月各风向(包括静风)记录总次数的百分比,即:

$$月某风向频率 = \frac{该风向出现回数的月合计}{全月各风向记录总次数} \times 100\%$$

风向频率取整数,小数四舍五入,某风向未出现,频率栏空白。

二、风速和风向频率(玫瑰)图的绘制

风速和风向频率图是根据某月(或某年)的风速、风向频率值的资料绘制而成。它能清晰、直观地显示出某个方位风向的风速大小及某风向出现频率的大小。绘制步骤如下:

1. 确定坐标

风速和风向频率图采用极坐标系绘制。以极角(以正北方向为始边)表示风向,以极半径的长短来表示频率及平均风速的大小。如 2 cm 表示频率为 10%,……;以 1 cm 表示 1 m/s 风速……

风向观测记录均用 16 方位,但为了避免可能产生的误差和统计的方便与意义明确起见,多采用 8 方位统计和绘制频率图,将 16 方位改成 8 方位的方法是将中间方位的频率平分并入左右方位中。若中间方位为奇数,则将多余的一次加入两边频率较大的方位中去,若其左右两边频数相等,则多余的一次加入右边方位中。参见表 7-2。

表 7-2 风向频率统计表

风向	N	NNE	NE	ENE	E	ESE	SE	SSE	S	SSW	SW	WSW	W	WNW	NW	NNW	C
16 方位频率(%)	18	15	7	2	7	1	8	4	9	23	5	4	4	15	4	7	
8 方位频率(%)	28		15		8		11		14		31		8		19		7

注:C 表示静风

2. 绘制风速和风向频率图

先将各风向频率值点在极坐标图中相应的位置,相邻两点间用直线连接成一封闭折线,静风采用以静风频率为半径画一圆,以此来表示静风频率。用同样方法,也可以绘出平均风速图。这样绘制出的风向频率和平均风速图,形似玫瑰花,故称此图为风速风向玫瑰图(图 7-1)。

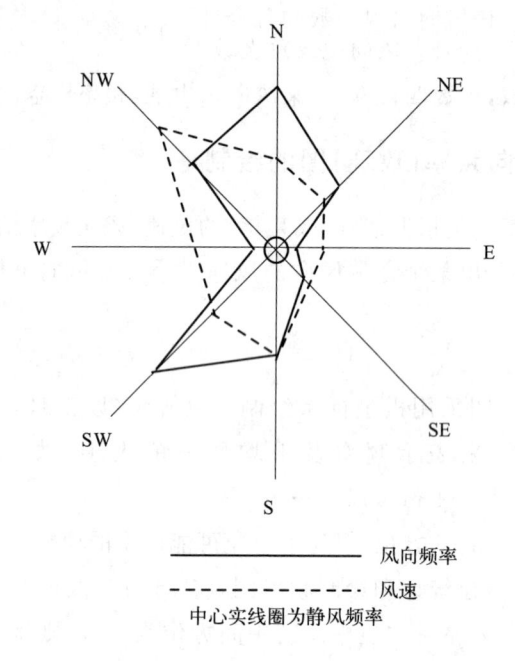

```
———————————  风向频率
- - - - - - -  风速
中心实线圈为静风频率
```

图 7-1　风向风速玫瑰图

第二节　农业气候资料整理与分析

一、界限温度起止日期、持续时间、积温求算

界限温度是指具有生物学普遍意义的，标志着某种物候现象或农事活动的开始、终止及转折的日平均温度。它是农业气候分析的常用指标。春、秋季是天气多变的季节，期间温度出现波动性变化大，即这一段时间的温度常在某一温度界限值上下变化。为合理解决这一问题，通常采用"稳定通过"的方法来确定界限温度的初、终日。

日平均温度第一次稳定通过某界限温度的日期称为该界限温度的起始日期（或初日）；最后一次稳定通过同一界限温度的日期称为该界限温度的终止日期（或终日）。

1. 五日滑动平均法

在农业气象资料的统计中，一般采用五日滑动平均法来确定某一年份稳定通过某界限温度的起止日期。它是利用逐日日平均气温资料求算界限温度的起止日期、持续日数和积温的方法。该方法利用5日滑动平均代替候平均气温，既可保持平均气温的优势，又可克服其存在的不足。更符合各地的实际情况。

(1) 界限温度初日、终日的确定

①五日滑动平均法求算稳定通过某界限温度的起始日期的方法

从逐日日平均温度资料中，找出日平均温度第一次出现大于等于该界限温度的日期，向前推四天，按日序依次计算出五日滑动平均温度。从中选出大于或等于该界限温度的五日滑动平均值，并在其后不会出现低于该界限温度的五日滑动平均值。从该五日滑动平均温度的五天中，挑选出第一个日平均温度大于等于该界限温度的日期，此日期即为稳定通过该界限温度的起始日期。即为初日。

②五日滑动平均法求算稳定通过某界限温度的终止日期的方法

在初秋，从逐日日平均温度资料中，找出日平均温度第一次出现低于该界限温度的日期，向前推四天，按日序依次计算出五日滑动平均温度，直到出现第一个五日滑动平均温度低于该界限温度。选取最后一个大于等于该界限温度的五日滑动平均温度。从该五日滑动平均温度的五天中，选取最后一个日平均温度大于等于该界限温度的日期，此日期即为稳定通过该界限温度的终止日期，即为终日。

(2) 界限温度持续天数的计算

稳定通过某界限温度的持续天数，是指包括初、终日在内的由起始日期到终止日期的总天数。即：

持续天数＝终日序－初日序＋1

(3) 活动积温的计算

活动积温是将持续期内大于或等于界限温度的日平均温度累加求得。

例如：某地某年稳定通过 10℃ 的起止日期计算

由表 7-3 可知，春季第一次出现≥10℃ 的日期为 3 月 10 日，从该日起往前推 4 天，按日序依次计算连续 5 日的滑动平均气温，一直计算到五日滑动平均气温在春季不再低于 10℃ 为止，滑动值为 10.1℃，对应的时段为 3 月 23 日－3 月 27 日。该五日中，日平均温度第一个出现≥10.0℃（10.3℃）所对应的日期为 3 月 26 日，即为初日。

秋季第一次出现≤10℃ 的日期为 11 月 10 日，从该日起往前推 4 天，按日序依次计算 5 日滑动平均气温，一直计算到 5 日平均气温不再高于 10℃ 为止，找出最后一个五日滑动平均温度值≥10.0℃ 的值 10.4℃，其所对应的五日为 11 月 14 日－11 月 18 日。再从组成最后五日滑动平均温度值的这五天中找出最后一个日平均温度值≥10.0℃（12.2℃）所对应的日期是 11 月 17 日，即为终日。

表 7-3　某地某年稳定通过 10℃ 的起止日期计算表

春季				秋季			
日期（月-日）	日平均气温(℃)	时段	5日滑动平均温度(℃)	日期（月-日）	日平均气温(℃)	时段	5日滑动平均温度(℃)
	<10.0				>10.0		
03-06	7.6	03-06—03-10	8.3	11-06	12.5	11-06—11-10	11.2
03-07	6.4	03-07—03-11	9	11-07	11.8	11-07—11-11	11.5
03-08	8.2	03-08—03-12	10.3	11-08	14.2	11-08—11-12	11.1
03-09	9.3	03-09—03-13	11	11-09	13.3	11-09—11-13	10.6
03-10	10.0	03-10—03-14	11.2	11-10	9.2	11-10—11-14	10.4
03-11	11.2	03-11—03-15	11.1	11-11	8.8	11-11—11-15	10.2
03-12	12.6	03-12—03-16	10.6	11-12	10.2	11-12—11-16	10.3
03-13	11.8	03-13—03-17	9.8	11-13	11.3	11-13—11-17	10.6
03-14	10.6	03-14—03-18	9.3	11-14	12.6	11-14—11-18	10.4
03-15	9.2	03-15—03-19	9.4	11-15	8.2	11-15—11-19	9.8
03-16	8.6	03-16—03-20	9.9	11-16	9.2		
03-17	8.8	03-17—03-21	10.7	11-17	12.2		
03-18	9.3	03-18—03-22	11.3	11-18	9.6		
03-19	11.1	03-19—03-23	11.3	11-19	9.8		
03-20	11.8	03-20—03-24	10.8	11-20	10.2		
03-21	12.5	03-21—03-25	10.2	11-21	8.3		
03-22	11.7	03-22—03-26	9.8	11-22	7.9		
03-23	9.3	03-23—03-27	10.1	11-23	6.3		
03-24	8.5	03-24—03-28	10.8	11-24	12.3		
03-25	9.2		≥10.0	11-25	10.4		
03-26	10.3			11-26	11.5		
03-27	13.2			11-27	9.5		
03-28	12.8			11-28	7.8		

初始日与终止日之间的天数（含初、终日），即为大于或等于某界限温度的持续日数。如例中所求3月26日至11月17日共持续237天。持续日数之间活动温度之和为活动积温。如例中所求活动积温为4508.7℃·d。持续日数之间有效温

度之和为有效积温。如例中所求有效积温为 3368.7℃·d。

2. 直方图法

直方图法是用于确定稳定通过界限温度的多年平均初、终日期的方法。它是用当地多年(≥20 年)的月平均气温资料绘制温度直方图和年变化曲线,来求算界限温度的起止日期,持续日数和积温的方法。

(1)直方图绘制

①在坐标纸上以横坐标代表月份(1 mm 可代表 1 d),纵坐标代表月平均温度值(1 mm 代表 0.1℃)。

②将各月月平均温度值点在各月月中相应的日期上(大月点在 16 日,小月点在 15 日,2 月点在 14 日)。然后以月平均温度值为高度,各月日数为底边作直方形。为显示最冷月的温度变化,12 月和 1 月应重复绘制。这样就可得到一张多年逐月的温度直方图。

(2)绘制温度年变化曲线

将直方图顶边中点用曲线平滑地连接,形成气温年变化曲线,它表示该地多年的温度日变化情况,通过该曲线可以确定任一界限温度的起止日期。在绘制时要注意使每个长方形被切去的面积与被划入的面积相等,以保持长方形原有的面积不变。

(3)确定某界限温度的起止日期、持续日数和积温

①确定某界限温度的起止日期

以确定北京地区界限温度 15℃的起止日期为例,在图 7-2 中纵坐标上找出界限温度 15℃的点,并从此点引平行于横轴的直线 AB 与曲线相交于 C、D 两点,再由 C、D 两点分别引直线垂直于横轴,相交于 E、F 两点,则 E、F 两点分别为界限温度的起止日期。

②确定持续日数

起始日与终止日之间的天数(含起止日)即为某界限温度的持续日数。

③活动积温和有效积温的求算

从直方图上确定某界限温度起止日期以后,可以从图 7-2 中看出曲边 $\overset{\frown}{CD}$ 和直线 DF、FE 和 EC 所围成的面积,即为大于等于 15℃的活动积温。

a. 起始月和终止月活动积温的求算:起始月和终止月活动积温分别为图中阴影部分的面积,可按梯形面积的方法求出,即:

$$梯形面积 = \frac{(上底 + 下底)}{2} \times 高$$

式中:上下底分别表示温度值,高表示天数。如:在起始月上底表示阴影 $CGHE$ 的 CE 边的温度值,即界限温度值(15℃);下底表示 GH 边的温度值(18℃);高表示

EH 的长度即天数(15 天)。

在终止月下底表示阴影 $IDFK$ 的 IK 边的温度值(17℃);上底表示界限温度值(15℃);高表示 KF 的长度即天数(12 天)。

4 月份活动积温为:$\frac{1}{2}(CE+GH) \times EH = \frac{1}{2}(15+18) \times 15 = 247.5$℃·d

10 月份活动积温为:$\frac{1}{2}(DF+IK) \times KF = \frac{1}{2}(17+15) \times 12 = 192$℃·d

b. 其余月的活动积温:其余月的活动积温,可按计算矩形面积的方法求出,即分别将各月的月平均温度乘以该月日数即可。

最后将起始月开始逐月相加至终止月,即求得活动积温。

c. 有效积温求算

某段时间有效积温＝某段时间活动积温－界限温度×持续日数

从图 7-2 可以看出,≥15℃有效积温为直线 CD 和曲线 $\overparen{CD}$ 所围成的面积。

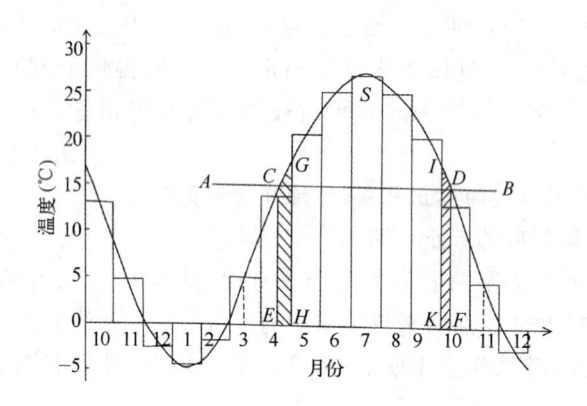

图 7-2 某地区气温直方图和年变化曲线图

二、频率、变率和保证率

1. 频率

频率是指某气候要素在某地点,某一时间内出现的频繁程度,具体是指在若干次观测中,某一现象出现的次数(m)与观测总次数(n)的百分比。这对了解当地的气候特征是非常必要的。

$$f = \frac{m}{n} \times 100\%$$

频率是一个相对的数,没有单位,取整数,小数四舍五入。

2. 变率

气候要素在时间序列上的变化通常是偏离平均值而上下波动的。波动大小年际间有差异。变率就是用来衡量这种波动情况的统计指标。变率越大,说明气候要素年际之间的变动性越大,越不稳定,反之亦然。就降水量而言,如果某地的降水变率很大,表明此地降水量变动大,忽多忽少,很不稳定,易发生旱、涝灾害。因此,变率过大不利于农业生产。了解当地气候要素变率的大小,是制订农业技术措施的重要依据。

在气候统计中常用的变率有:绝对变率、平均绝对变率、相对变率和平均相对变率。

(1) 绝对变率(d_i)

绝对变率是指气候要素在某时段内(如候、旬、月、季、年)的数值 X_i 与该要素同时段内的多年平均 $\overline{X}$ 的差值。统计学中称为离差(或称距平)。统计中取一位小数。计算式为:

$$d_i = X_i - \overline{X} \qquad (i = 1, 2, \cdots, n)$$

$d_i > 0$,表示该时段气候要素值比常年同期偏高;$d_i < 0$,表示偏低。绝对变率仅适用于气候要素在不同年份的相互比较。但在农业生产上,往往需要了解某地气候要素在多年内发生的平均变化大小。比较不同地区相同气候要素的变率,还必须消除平均值的影响。采用相对变率,则可以满足上述两个要求。

(2) 平均绝对变率($\overline{d}$)

指气候要素绝对变率的多年平均值。统计学中称为平均差(或称平均距平),是某个气候要素的绝对变率的多年平均值。

计算式为:

$$\overline{d} = \frac{1}{n}\sum_{i=1}^{n} |X_i - \overline{X}| = \frac{1}{n}\sum_{i=1}^{n} |d_i|$$

式中:n 为资料年代数。平均绝对变率反映的是一个地区气候要素在多年内发生变动的平均状况。

通过平均绝对变率可了解某个地区某一气候要素变动的大小,但是如果要比较不同地区该气候要素的变动情况,采用平均绝对变率作为衡量指标是不妥的。因为绝对变率和平均绝对变率的大小与气候要素的多年平均值的大小有关,而在不同的地区,气候要素的多年平均值并不相等。例如,甲地多年年总降水量的平均值为 32 mm,其平均绝对变率为 16 mm;乙地的多年年总降水量的平均值为 1600 mm,其平均绝对变率也为 16 mm。虽然两地年总降水量的平均绝对变率相同,但甲地的平均绝对变率占平均降水量的 1/2,而乙地只占 1/100,换言之,乙地变动的平均幅度仅有平均年总降水量的 1/100,几乎可以忽略不计。为了消除气候要素的平均值对变率的影响,通常需要统计相对变率。

(3)相对变率(D_i)

相对变率是指气候要素在某时段内的绝对变率(d_i)与气候要素同时段内的多年平均值$\overline{X}$的百分比,也称相对距平或距平百分率。统计时取整数,小数四舍五入,≤0.4时记"0"。计算式为:

$$D_i = \frac{d_i}{\overline{X}} \times 100\%$$

相对变率能表示气候要素变化的程度。气候要素相对变率越大,表示其变动的程度越大;反之,变动的程度越小。D_i也有正负之分,正值表示偏多的程度;负值表示偏少的程度。在农业气候研究中,D_i可用于三个方面比较,即:

①同一地区、相同时段不同气候要素之间的比较;
②同一地区、同一气候要素、不同时段之间的比较;
③同一气候要素、同一时段、不同地区之间的比较。

在对某个地区的气候特征进行描述时,常常要比较两种以上不同气候要素的变率大小,如对气温和降水的变率进行比较,由于各气候要素使用的单位不同,因此,不能用各自的绝对变率来进行比较,必须采用消除了单位的相对变率。

相对变率只能反映气候要素在单一时段上的变动情况。要了解气候要素在一个地区的不同时段上的变动程度,或者在不同地区的相同时段的变动程度,或者在整个时期的变动情况的比较,则需要用到平均相对变率。

(4)平均相对变率($\overline{D}$)

平均相对变率$\overline{D}$指某气候要素的平均绝对变率($\overline{d}$)与该气候要素的多年平均值($\overline{X}$)的百分比。统计时取整数,小数四舍五入,≤0.4时记"0"。计算式为:

$$\overline{D} = \frac{\overline{d}}{\overline{X}} \times 100\%$$

平均相对变率能反映出:

①不同地区、相同时段的气候要素变动程度;
②同一地区、不同时段的气候要素变动程度。

对于某地区的某一气候要素各年记录的数列,因为平均绝对变率只有一个,所以平均相对变率也只有一个。在实际工作中,在只采用平均相对变率而没有同时采用其他变率指标来说明气候要素的变化情况时,常将平均相对变率简称为变率,如气温变率、降水变率通常是指气温平均相对变率和降水平均相对变率。

用平均相对变率来比较气候要素的变动程度,非常简便,同时也能清晰地反映出气候要素变动特征。例如,表7-4为我国各地四季的降水变率,由表7-4可知:就全国而言,四季中变率最大的是雨量最少的冬季1月,达50%~150%;变率最小的是夏季 7 月,一般在 25%～50%;春、秋季为 40%～80%。上海以 4 月变率最小,7 月较大,反映了长江中下游地区春雨伏旱的气候特点;成都以 10 月变率最小,反映了川黔秋雨的气候特点;吐鲁番变率全年均大,反映了西北地区干旱的气候特点。

表 7-4　我国各地四季(1 月、4 月、7 月、10 月)的降水变率　　单位:%

月份	1 月	4 月	7 月	10 月	年
广州	88	50	40	76	18
上海	59	32	52	79	12
北京	104	70	42	64	31
哈尔滨	64	57	27	43	13
昆明	57	83	27	49	13
拉萨	107	64	24	94	17
成都	61	36	33	25	16
兰州	106	63	29	47	23
乌鲁木齐	69	47	53	50	21
吐鲁番	152	140	89	166	58

3. 保证率

保证率是指在一定时段内,某一气象要素值≥(或≤)某一界限值的累积频率。说明该气象要素出现的可靠程度。由于频率是经验数据,所以保证率统计中所需资料年代要足够长(一般为 30 年以上),才能保证统计出的保证率具有代表性。

从表 7-5 中可以看出,该地 30 年内 11 级和 12 级风力出现的频率分别为 1%,风力小于 11 级(在 10 级以下)的出现频率为 98%。因此,可以说该地风力有 98% 可小于 11 级,即该地风力小于 11 级的保证率为 98%。因此,保证率指标,在农业生产上意义重大。

表 7-5　某地各级风力的出现频率和保证率　　单位:%

风力(级)	12	11	10	9	8	7	6	5	4	3	2	1	0
出现频率	1	1	2	4	4	5	7	10	10	14	17	15	10
保证率	100	99	98	96	92	88	83	76	66	56	42	25	10

保证率统计步骤：

(1) 挑出极值

从资料中挑出最大值(A_{max})和最小值(A_{min})。为计算方便可将最大值向上扩展，最小值向下扩展。

(2) 确定组数

用经验公式求出 $N=5\times \lg n$(N 取整数)。式中：N 为组数，通常取整数；n 为样本数(即资料年代数)。在实际工作中，还需要根据具体要求确定 N 值，一般要满足：

$2.5\times \lg n < N \leqslant 5\times \lg n$，因为只有当组数 $N > 2.5\times \lg n$ 时，统计结果才能达到基本的精度要求；当组数 $N \leqslant 5\times \lg n$ 时，才能达到分组简化计算的目的。一般6～8组较为适用。

(3) 确定组距 D

组距即为每组上下限之差，可参考下式确定组距 D

$$D = \frac{A_{max} - A_{min}}{N}$$

D 要尽可能取整数，各组组距应相等，不可中断。

(4) 分组

首先确定组限，组限是各组气象要素的界限。根据组距确定各组的上下限。但最小组的下限值要低于资料的最小值，最大组的上限值要大于资料的最大值。各组组界彼此要衔接。

(5) 确定频数和频率

在资料中找出出现在某组范围内的资料的次数，即频数。各组的频数与样本总数的百分比即为各组频率。

(6) 求算保证率

保证率的计算就是累计频率的统计。农业气象保证率的计算有方向性，如在干旱或半干旱地区，研究降水量对作物的影响时，由于降水量小的值比降水量大的值易出现，要求计算高于某降水量界限的保证率时，分组组限以较小值为下限，较大值为上限，保证率的统计以从大到小的方向作频率的累积。在研究洪涝灾害时，恰好相反，较大值为下限，较小值为上限，保证率的统计以从小到大的方向作频率的累积。

(7) 绘制保证率曲线

分组法求出的保证率不连续，绘制成保证率曲线，是为了了解气象要素保证率的连续变化。

以横坐标代表某一要素，纵坐标代表保证率，分别将各组的下限值与对应的保证率值作为一组坐标值点入坐标纸上,依次连接各点成一平滑曲线,即为保证率曲线。

在实际工作中,往往需要知道某地降水(或其他气候要素)的保证率为一定数值时,其降水量(或其他气候要素值)为多少;或需要知道降水量(或其他气候要素)大于或小于某一数值时,其保证率有多大(即可靠程度如何)。根据绘制的保证率曲线图,可了解上述情况。

现以北京 1840—1991 年 7 月份降水量(有些年缺资料,共 133 年资料,$n=133$)为例(表 7-6),介绍保证率的统计方法。

①从资料中挑出最大值 $A_{max}=995.7$ mm,扩展为 1000 mm 和最小值 $A_{min}=6.8$ mm,扩展为 0 mm。

②组数:$N=5\times\lg 133=10.62$,取整数 N=10(组)

③组距:$D=\dfrac{A_{max}-A_{min}}{N}=\dfrac{1000-0}{10}=100$(mm)

组界定为:≥901 mm;900~801 mm;800~701 mm;700~601 mm;600~501 mm;500~401 mm;400~301 mm;300~201 mm;200~101 mm;≤100 mm。

表 7-6　北京 1840—1991 年 7 月降水量　　　　　单位:mm

年代	0	1	2	3	4	5	6	7	8	9
184—	206.1	253.3	146.7	296.0	444.0	325.8	132.0	504.0	155.6	
185—	93.8	285.3	270.3	193.1	60.7	195.1	108.5	235.6	6.8	206.1
186—	108.5	235.6								6.8
187—	206.1	263.4	341.6	363.8	268.8	232.9	270.2	47.5	144.4	349.7
188—	129.9	73.5	168.8	631.4	232.4					271.4
189—	871.8	995.7	447.3	582.7	322.6	134.0	294.5	372.2	257.0	128.7
190—				88.9		110.9	245.6	277.5	230.5	
191—	260.6	216.7			256.2	451.0	81.3	438.3	112.9	264.1
192—	143.6	98.9	297.9	137.8	648.3	448.2	110.2	329.6	111.2	346.3
193—	106.1	153.6	399.9	193.6	116.4	125.2	115.6	201.0	320.0	375.4
194—	177.1	56.4	247.9	47.9	230.8	62.6	367.3	194.9	218.7	417.3
195—	289.1	72.8	302.2	140.8	223.0	172.8	131.4	103.1	243.3	511.1
196—	281.3	254.5	201.0	161.6	124.9	37.8	81.6	173.5	138.8	301.6
197—	255.7	154.0	166.7	290.3	248.3	192.2	159.7	268.3	114.7	228.1
198—	30.6	175.7	169.0	76.8	281.2	266.0	150.7	69.4	239.7	127.2
199—	202.8	196.6								

④频率及保证率计算

表 7-7　北京 1840—1991 年 7 月降水量的频率和保证率统计表

组序	降水量(mm)(组限)	频数(次数)	频率(%)	保证率(%)
1	≥901	1	1	1
2	900~801	1	1	2
3	800~701			
4	700~601	2	2	4
5	600~501	3	2	6
6	500~401	6	4	10
7	400~301	14	11	21
8	300~201	44	33	54
9	200~101	44	33	87
10	≤100	18	13(13.5)	100

⑤绘制保证率曲线

以保证率为纵坐标,每一组的下限值为横坐标,将每个点点在图上,并连接成一平滑曲线,即为保证率曲线(图 7-3)。

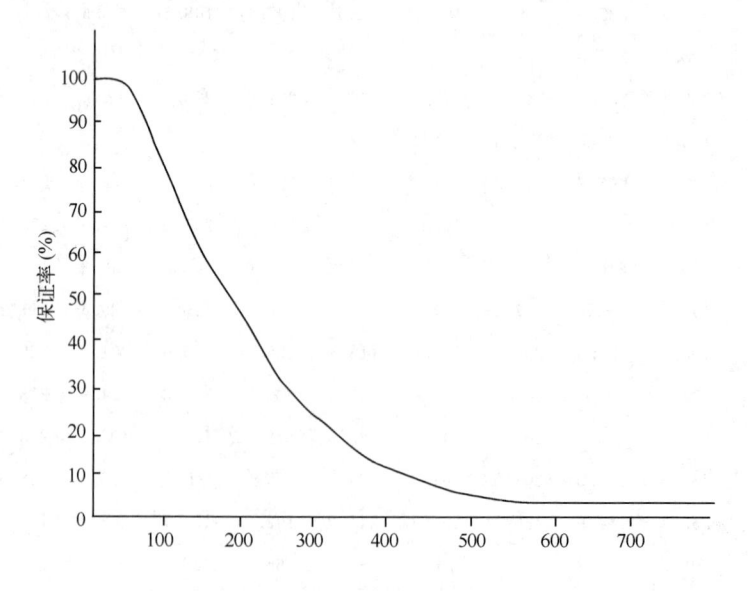

图 7-3　北京地区 7 月份降水量保证率曲线图

表 7-8　北京 1840—1991 年 7 月份各级保证率(%)下的月降水量

保证率(%)	10	20	30	40	50	60	70	80	95
降水量(mm)	≥425	≥315	≥275	≥250	≥215	≥195	≥160	≥125	≥100

三、气候等值线图分析

由计算机软件按照绘图规则绘制出来的气候等值线图是了解气候要素在地区分布上的规律和特点的重要工具,进行气候等值线图的分析目的是为地区种植制度合理布局、农业区划、作物品种选择等做出重大决策的依据。图 7-4 为我国多年平均降水量区域分布图。

从图 7-4 中可以看出,我国年降水量的地理分布一般为自东南向西北递减。400 mm 等年雨量线东起大兴安岭,经呼和浩特、兰州,止于雅鲁藏布江河谷,把我国分成东南部的湿润区和西北部的干旱区。

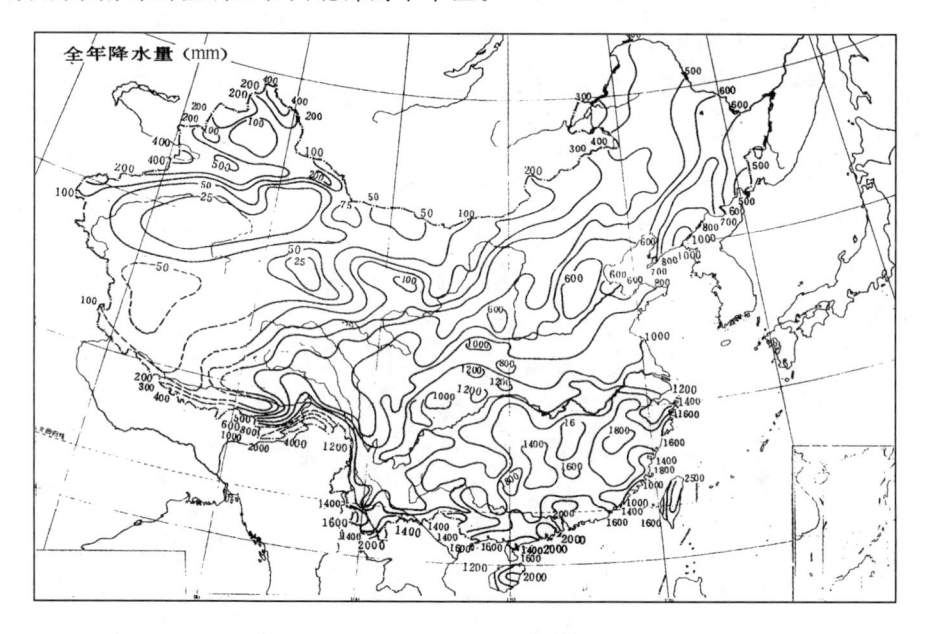

图 7-4　中国多年平均降水量区域分布图

800 mm 等雨量线,东起青岛,向西经淮北、秦岭、川西,止于西藏高原东南角。

1600 mm 等雨量线起于浙东三门湾,向西经赣鄂湘边境,南折到五岭,向西过桂林,南折向西,止于滇越边界。

1600 mm 等值线以东以南,浙闽和两广沿海,云南南部及台湾、海南两岛几乎都在 1600～2000 mm 之间,甚至更多。

我国降水量最多的地方是台湾北端基隆南侧的火烧寮,素有"雨港"之称,平均年降水量达 6557.8 mm。

400 mm 等雨量线以北以西地区,由于地形和远离海洋的原因,除天山北坡和祁连山年降水量可达 600 mm 以上,柴达木盆地、塔里木盆地、吐鲁番盆地年降水量均在 25 mm 以下,托克逊是我国年降水量最少的地方,只有 5.9 mm。

复习思考题

1. 气象观测月报表统计的原则和方法是什么?
2. 风速和风向频率图在农业生产的实际应用中有什么作用?
3. 五日滑动平均法和直方图法在统计方法和应用范围上有何差异?
4. 如何绘制风速、风向频率玫瑰图?
5. 简述保证率统计的步骤及注意事项。
6. 变率有哪些指标?分别应用于哪些方面?

第八章　现代气象观测系统简介

现代气象观测系统是指自动气象观测系统、农业小气候自动综合观测系统和农业气象现代化自动观测系统。自动气象观测系统狭义上指自动气象台站，广义上指自动气象站网。

我国地面气象观测经历了从人工器测观测时代过渡到准自动化观测时代，而今已经迈进全自动化观测时代，全国地面气象观测站已经全部完成自动气象站的建设。现代自动气象站不仅在功能上能达到常规地面气象观测的需要，观测数据准确度也能满足常规地面气象观测的要求。观测人员的职责也从以往主要负责天气现象和气象要素的观测和记录，转变为主要承担仪器的维护和维修工作，确保自动气象站系统稳定运行，保证观测数据的完整性。

自动气象站因其在综合观测系统中的重要作用及其庞大的网络布点，大大提高了地面气象观测数据的时空密度，增强了监测、预测能力，并且满足某些特殊要求（如水文、农业气象、航空）。为天气预报、气象服务、科学研究等提供了准确、及时、密集的地面气象观测资料。

第一节　自动气象观测系统

自动气象站是一种能自动进行地面气象观测、存储和发送观测数据的地面气象观测设备（图 8-1）。

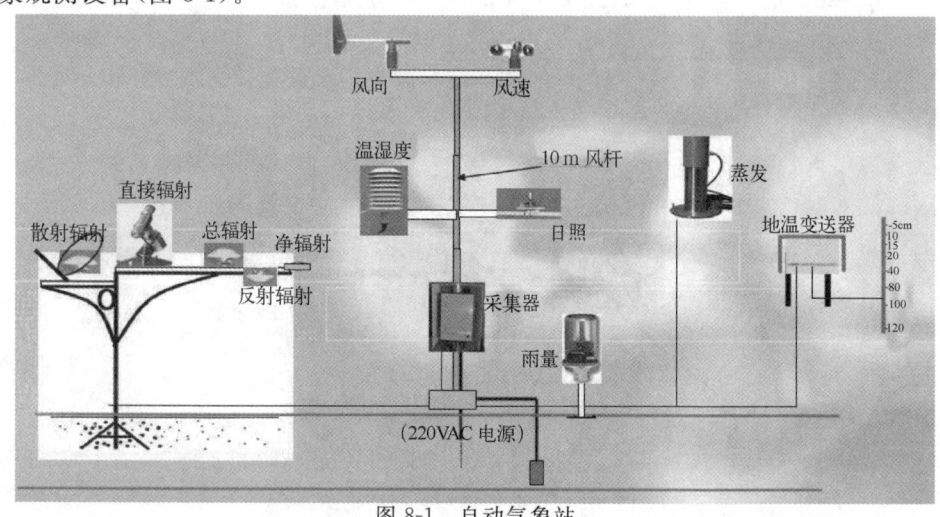

图 8-1　自动气象站

自动气象站按用途可以分为气候站网用自动气象站、天气站网用自动气象站、中小尺度自动气象站等；按人工干预情况分为有人值守自动气象站和无人值守自动气象站。通常最简单的一种分类方法是世界气象组织《气象仪器和观测方法指南》(第六版)中提出的自动气象站分类方法，即："简单地分成提供实时资料的自动气象站和记录资料供非实时或脱机分析的自动气象站两类。"这也就是通常所讲的实时自动气象站和非实时自动气象站两种类型的自动气象站。但是有的自动气象站也会同时具有这两种功能。

实时自动气象站能实时向用户提供气象观测资料，如目前各气象站使用的多要素自动气象站和进行加密观测的中尺度自动气象站等；非实时自动气象站只要求将观测资料记录存储起来，到一定时候再通过人工干预的方式现场下载或远程传送已记录存储的观测资料，一些气候自动观测站属于这种类型的自动气象站。

气象业务中必须使用具有气象主管部门颁发使用许可证的气象装备或经气象主管部门批准的气象装备，不得使用未经许可或者被注销使用许可后生产的气象专用技术装备。

一、自动气象站系统结构

自动气象站是一个自动化测量系统，由硬件(设备)和软件(测量运作程序)两部分组成。硬件包括传感器、采集器和外部设备。软件包括采集软件和业务软件，前者在采集器内运行，后者则在配接的用户微机终端上运行。为了实现组网和远程监控，还须配置远程监控软件，将自动气象站与中心站连接形成自动气象观测系统。

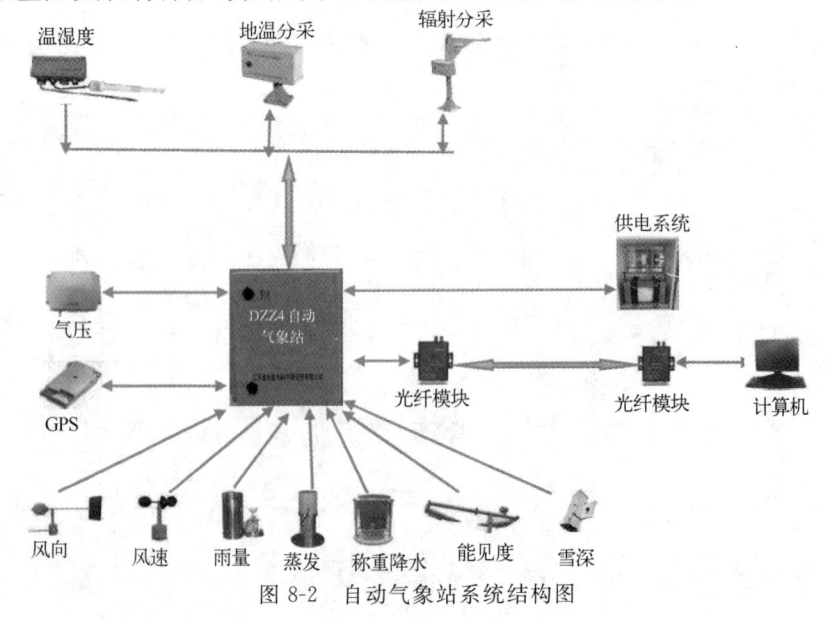

图 8-2　自动气象站系统结构图

自动气象站的组成结构具有一定的灵活性,能根据需求的变化进行扩充和变型。在设计自动气象站时预设了一定的可选传感器接口,对设备空间、供电电源容量、数据处理能力、存储器容量等留有相应的余量,并提供较灵活的软件环境,便于修改系统配置和参数。

二、自动气象站的主要功能

1. 数据采集功能

自动气象站的数据采集功能就是自动采集要观测的气象要素值。传感器将气象要素量(如气温)感应转换成一种电参量信号(电压、电流等),再由采集器按一定的采集速率(假设1秒钟采集1次)获得代表这个采集时刻气象要素量(如气温)的电信号值(电压或电流采集值)。

2. 数据处理功能

自动气象站的数据处理功能是将采集到的代表气象要素量(如气温)的电信号值(电流或电压采集值),经运算处理转换成气象要素值(如气温采集值转换成气温观测值)。运算处理一般包括测量、计数、累加、平均、公式运算、线性处理、选极值等。

接有微机终端的自动气象站将观测数据传输给微机终端后,可通过微机终端的业务软件对观测数据作进一步的业务处理(如编制气象报表等)。

3. 数据存储功能

自动气象站的数据存储功能是将经数据处理获得的各气象要素采样值和气象要素观测值按规定的数据格式存储在存储器内。存储器包括容量有限的内部存储器和通过采集器存储卡接口连接的大容量外接存储卡。接有微机终端的自动气象站将观测数据传送给微机终端后,观测数据可进一步存入微机终端的存储器内。

4. 数据传输功能

自动气象站的数据传输功能就是将各种观测数据按照规定的格式编制成数据文件、报文,通过采集器通信接口将观测数据传送给连接的终端设备,也可经连接的各种通信传输设备传送给指定的用户。

5. 数据质量控制功能

数据质量控制功能是为保证观测数据质量,采集器所要完成的观测数据差错检测和标示工作,一般包括采样值的质量控制和观测值的质量控制。通常是检查数据的合理性和一致性,再根据检查的结果对被检查的数据按规定的条件做出取舍和标示处理。

6. 运行监控功能

运行监控功能是用户可通过输入规定的命令调看自动气象站一些关键节点的

状态数据(如传感器状态、采集器测量通道、传输接口、供电电压、机箱内温度和系统时钟等),以帮助判断设备的运行情况和出现故障的可能部位。

三、传感器

传感器是指能感受规定的被测物理量并按照一定的规律转换成可用输出信号的器件或装置,是自动气象站的重要组成部分。目前在自动气象站上使用的各种传感器有不同生产厂家生产的,使用不同测量原理的多种型号的传感器。

1. 传感器的组成

气象传感器就是直接从信号源(大气中)获得信息的前沿装置。由于电信号便于测量、传输、变换、存储和处理,因此,气象传感器一般为电信号输出。输出的电信号通常有:电压、电阻、电容、电流、频率等。传感器是否准确可靠是影响自动气象站观测结果的关键。传感器可分为模拟传感器、数字传感器和智能传感器三种类型。

(1)模拟传感器:是将感应到的气象要素值转换成电阻、电容、电压等模拟信号输出的传感器。

(2)数字传感器:是将感应的被测气象要素值转换成脉冲和频率等串行计数信号或并行数字电码信号输出的传感器。

(3)智能传感器:是一种带有微处理器的传感器,具有一定的采集和处理功能,能直接输出被测要素采样值或观测值。

传感器按《地面气象观测规范》的要求安装在地面观测场的固定位置上,用屏蔽电缆连接到采集器上。

2. 常用的传感器

(1)辐射传感器

气象台站的辐射传感器主要包括总辐射表、反射辐射表、散射辐射表、直接辐射表和净辐射表,见第二章。

(2)日照时数传感器

DSU12 型日照时数传感器(双金属片日照时数传感器),见图 8-3。其工作原理是通过判断传感器接收到的光信号辐射密度是否达到阈值。当照射在仪器上的直接辐射高于预设阈值(120 W/m^2)时触点接触闭合形成电的回路,接触闭合的瞬间和持续时间被采集器自动记录下来,作为日照时数。当光线变暗时,落在白色基板上的漫射辐射光反射到内部元件的下侧,从而对内部元件的温度进行补偿,以此避免假接触闭合。通过这种方式,仪器可以分辨太阳直接辐射和阳光漫射。

图 8-3 DSU12 型日照时数传感器

(3) 气温和湿度传感器

①铂电阻温度传感器 铂电阻温度传感器是一个用光刻工艺制作的微型铂电阻。利用铂电阻的阻值正比于温度变化的原理，通过测量铂电阻的电阻值而测得温度值。铂电阻丝烧制在细小的石英棒或瓷板上，外面有金属保护管（图 8-4）。铂电阻在 0℃时的电阻值 R_0 为 100 Ω，以 0℃作为基点温度。在温度 t 时的电阻值 R_t 为：

$$R_t = R_0(1 + At + Bt^2)$$

式中：A、B 为通过对传感器的校准可得出的系数。

②湿敏电容湿度传感器 湿敏电容是用有机高分子膜作介质，具有感湿特性的一种小型电容器。整个感应器由两个小电容器串联组成。传感器置于大气中，当大气中水汽透过上电极进入介电层，介电层吸收水汽后，介电系数发生变化，导致电容器电容量发生变化，电容量的变化正比于相对湿度。由于仪器更加精密，算法更科学，其误差也从毛发湿度表时代的 10% 左右降低到了 4% 左右。

气温和湿度传感器也有制作成一体的。如芬兰 Vaisala 公司生产的 HMP45D 温湿度传感器是将铂电阻温度传感器与湿敏电容湿度传感器制作成一体的温湿度传感器，温度和湿度感应元件装在传感器头部带有滤膜的保护罩内。

温湿度传感器用支架安装在百叶箱内，传感器的中心点离地面 1.50 m。在小气候观测中，将其安放在防辐射罩内。

图 8-4　温湿度传感器

(4)雨量传感器

雨量传感器有单翻斗、双翻斗、称重式等多种类型的雨量传感器。

①双翻斗雨量传感器　主要由承水器(常用口径为 20 cm)、上翻斗、汇集漏斗、计量翻斗、计数翻斗和干簧管等组成。常用的双翻斗雨量传感器为 SL3-1 型,如图 8-5 所示。

图 8-5　双翻斗雨量传感器

承水器收集的降水通过漏斗进入上翻斗,当翻斗流入一定的雨水后,上翻斗翻倒,翻倒的雨水从汇集漏斗流入计量翻斗,计量翻斗雨量累积到相当于 0.1 mm 降水时,计量翻斗翻倒,把雨水倒入计数翻斗,使计数翻斗翻动一次。计数翻斗中部装有一小磁钢,小磁钢上端有干簧管。当计数翻斗翻转时,磁钢对干簧管扫描。干簧管节点因磁化而瞬间闭合一次,送出一个电路导通脉冲。相当于 0.1 mm 降雨量。这样,降水量每次达到 0.1 mm 时,就送出去一个开关信号,采集器就自动采集存储 0.1 mm 降水量。

②称重式降水传感器　其组成结构为：信号处理单元、称重单元(包括载荷单元和电子单元)和外围组件部分(包括盛水桶、外壳、底盘、基座、防风圈等)。

测量原理：载荷单元受压发生形变，内部电阻桥的阻值发生变化；电子单元连续采样后得到质量数据，信号处理单元采样质量数据通过运算分析，得到分钟降水量和累计降水量等值，信号处理单元还进行数据质量控制、数据存储和传输等。

如 DSC1 型称重式降水传感器是一款全天候的降水观测仪器。它可以测量液态降水、固态降水和混合降水，适合在苛刻现场条件进行降水测量，见图 8-6。

图 8-6　DSC1 型称重式降水传感器

(5)气压传感器

自动气象站测定本站气压用电测气压传感器，电测气压传感器是将大气压力的变化转换成电信号的变化，再经过电子测量电路对电信号进行测量和处理而获得气压值。常用的电测气压传感器有：膜盒式电容气压传感器、振筒式气压传感器。

①膜盒式电容气压传感器　膜盒式电容气压传感器的感应元件为真空膜盒。当大气压力发生变化时，使真空膜盒(包括金属膜盒和单晶硅膜盒)的弹性膜片产生形变而引起其电容量的改变，通过测量电容量来测量气压，如 PTB220 型气压传感器(图 8-7)。

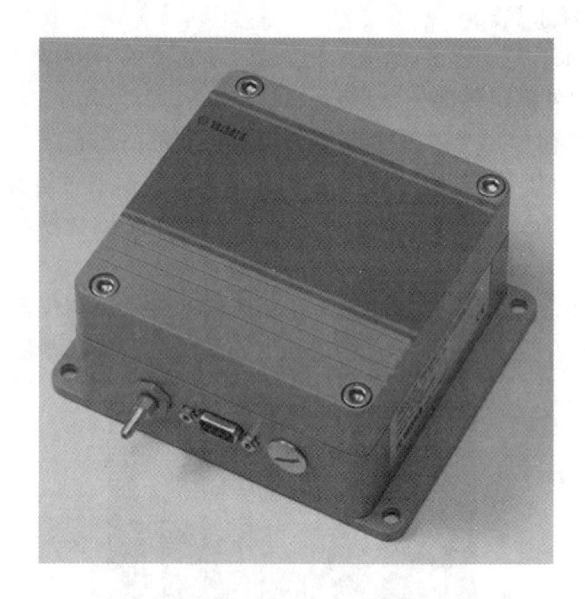

图 8-7　PTB220 型气压传感器外形图

　　PTB220 型气压传感器的工作原理是基于一个先进的 RC 振荡电路和三个参考电容进行持续的测量。当环境压力变化时,硅薄膜弯曲使传感器真空室高度发生变化,导致传感器电容值发生变化,通过测量转换,即可得到压力值。PTB220 系列数字式气压表包含 1 个 CPU 主板和气压传感器。在连续进行压力测量的同时也连续测量空气温度,同时,微处理器自动进行压力线性补偿和温度补偿,经过线性补偿和温度修正后获得精确的气压数据。气压传感器安装在采集器机箱内,通过静压压力连通管与外界大气相通。要将测定的海拔高度输入采集器或地面气象测报业务软件,就可以计算得到海平面气压。该传感器由于其性能优良,广泛应用于我国气象业务中气压数据的采集。

　　②振筒式气压传感器　振筒式气压传感器是利用弹性金属圆筒在外力作用下发生振动,当筒壁两边存在压力差时,其振动频率随压力差而变化。因为筒的谐振频率与压力之间有唯一的关系,所以测出频率就可以计算出气压。

　　振筒式气压传感器由两个同轴的一端密封的圆筒组成。一个是内振筒,一般采用镍基恒弹合金制成。一个为外保护筒,由不锈钢制成。两个筒的一端固定在公共基座上,另一端为自由端。线圈架安装在基座上并位于筒的中央(图 8-8)。

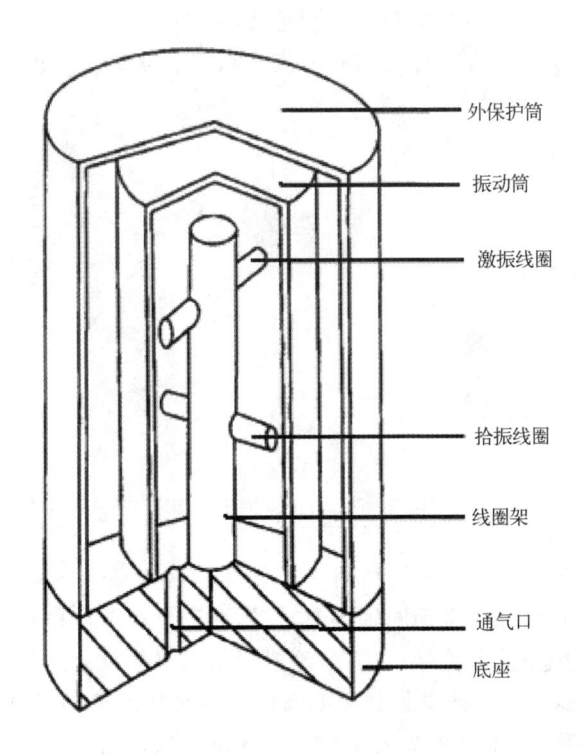

图 8-8 振筒式气压传感器结构图

  线圈架上有激振线圈,它用于激励内振筒;线圈架上另有拾振线圈,它用于检测内振筒的振动频率。内振动筒和外保护筒之间的空间被抽空作为绝对压力的标准。振动筒内腔与被测压力环境相通。当空气被引入线圈架和振筒之间的空腔时,弹性金属圆筒在外力作用下发生振动,当筒壁两边存在压力差时,其振动频率随压力差而变化。测出其频率即可算出本站气压。

  例如,GQY-2D型振筒数字式气压传感器是以恒弹合金敏感元件为基础,高性能数字处理技术为核心,制成的一种先进气压传感器。具有测量精度高,可直接读取气压值,操作简便、体积小、无公害、耐冲击和振动,可直接与计算机或其他设备相连接等优点。用于精确测量气体的绝对压力。

  自动观测中最初使用的振筒式气压传感器采用线圈激振,目前最新的振筒式传感器采用压电晶体片作为激振器来取代线圈激振。

  (6)风传感器

  风传感器的型号较多。工作原理也不尽相同。

  ①普通风传感器 普通风传感器由风向传感器、风速传感器及传感器支架三

部分组成。风向、风速传感器用于测量距地 10 m 处的地面风的速度及方向值,并转变为电信号,此信号可直接传送到显示仪器和记录设备进行处理(图8-9)。

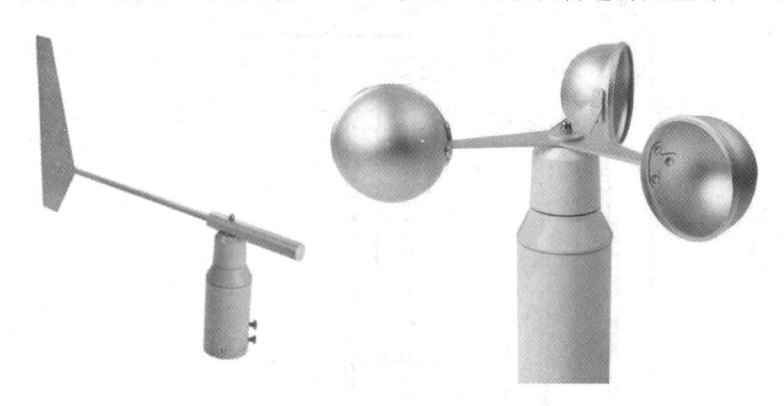

图 8-9 风向、风速传感器

a. 风向传感器　风向测量是利用一个低惯性轻金属风向标作为感应元件响应风向。风向标随风转动,带动同轴码盘转动,此码盘按 7 位格雷码编码并以光电子扫描,输出对应风向的电信号,可方便地进行信号采集及处理。

b. 风速传感器　风速测量是利用低惯性铝材轻质风杯随风旋转,带动同轴光盘转动,每转动一圈,切割红外光束 14 次,以光电扫描输出脉冲链。输出相应于转数的脉冲频率与风速成正比。传感器输入、输出端均采用瞬变抑制二极管进行过载保护。

②超声波风传感器　超声波风传感器(图 8-10)的工作原理是:在风向上,超声波在静止空气中的速度叠加上空气流动速度,在声波传播方向上有风力成分支持,所以使速度增加。相反,超声波传播相反方向上有逆风,将会减低传播速度。在一个固定的测量路径上,由于风速、风向的不同,导致叠加后的速度传播所用时间不同。由于声波传播速度还与空气温度有关,波速的传播时间是在两个不同路径的两个方向上测得。因此,温度影响可根据声波速度测量结果估算出来,结合两个位于正确角度上的路径,可获得总计算结果和矩阵分量的风速向量。矩阵速度分量测得后,它们被风力计的 N—程序处理转换为两极坐标并以风向、风速数据输出。

(7)地温传感器

地温包括地表温、浅层地温和深层地温。地温传感器共 9 支,其中地表(0 cm)传感器 1 支,5 cm、10 cm、15 cm、20 cm、40 cm、80 cm、160 cm、320 cm 传感器各一支,均为标准 4 线制铂电阻测温。40 cm、80 cm、160 cm、320 cm 深层地温传感器应配有套管。铂电阻地温传感器的测量原理与铂电阻气温传感器相同。

第八章　现代气象观测系统简介　99

图 8-10　超声波风传感器

地面和浅层地温传感器安装地段在放置了地面温度表和曲管地温表东侧的裸地内。要求与地温表相同。地面(0 cm)温度传感器一半埋入土中,一半露出地面。埋入土中部分必须与土壤密贴,不可留有空隙。与地面温度传感器连接的电缆掩埋入浅土层中。5 cm、10 cm、15 cm、20 cm(浅层)地温感应器穿入用木料或硬塑料材料制成板条孔中,感应头朝南(图 8-11)。与各浅层地温传感器连接的电缆应有 1 m 左右的长度埋入大致相应的土中,然后引入地沟内。

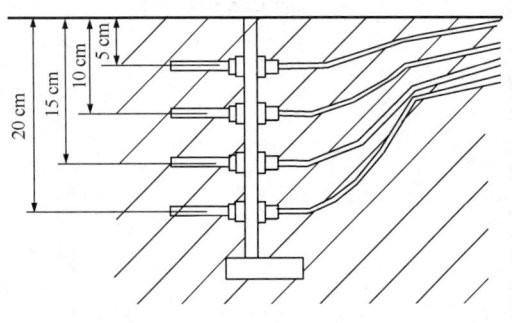

图 8-11　地温传感器安放示意图

(8)蒸发传感器

蒸发传感器由超声波传感器和不锈钢圆筒组成(图8-12)。根据超声波测距原理,选用高精度超声波探头,对E-601B型蒸发器内水面高度变化进行检测,转换成电信号输出。超声波蒸发传感器和不锈钢测量筒安装在百叶箱内,以提供稳定的测量环境。可方便地取得分钟、小时的水位蒸发数据。E-601B型蒸发器连通蒸发传感器的整体布置如图8-13所示。

图8-12 蒸发传感器

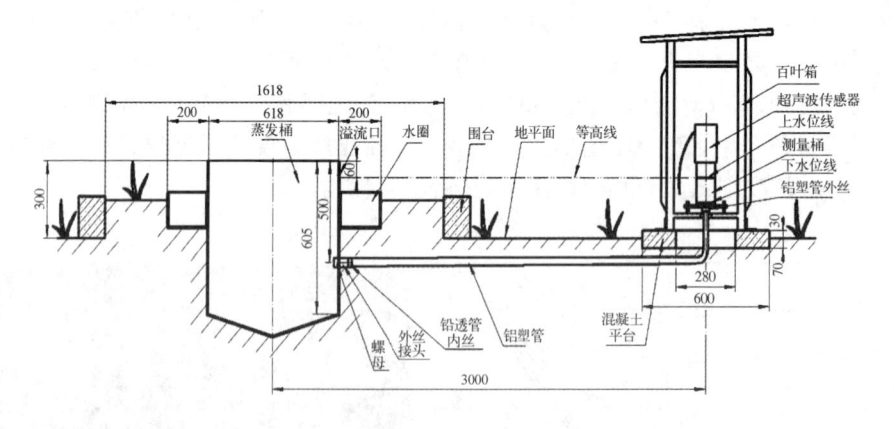

图8-13 连通蒸发传感器示意图(单位:mm)

(9)云的自动观测

云状与云量变化过程的观测和研究是大气科学研究领域热点和难点之一。仅靠观测员的人工观测不能实现云的实时在线测量,不能满足大气科学快速发展的需要。因此,人们一直在努力开发能自动记录测量云层结果的仪器。但由于云的时空分布及形态极为复杂、运动异常多变,因而研发云状与云量的自动观测仪器技术难题仍亟待解决。

在云的自动观测技术研究中,人们采用不同的方法来研制云的自动观测技术及装备并进行对比运行进而研发改进。地基云探测就有多种手段,如激光雷达云测量、微波雷达云测量、热红外成像仪等,以及随着数字摄像技术和立体视觉传感器的发展而研发的全天空测云技术及装备(图 8-14)。各观测仪器在云参数观测方面都有其优势和局限性,其中云雷达和激光云高仪是地基云参数观测的主要仪器,可以精确地获得高时空分辨率的云的水平和垂直结构,是非常有效的探测工具。

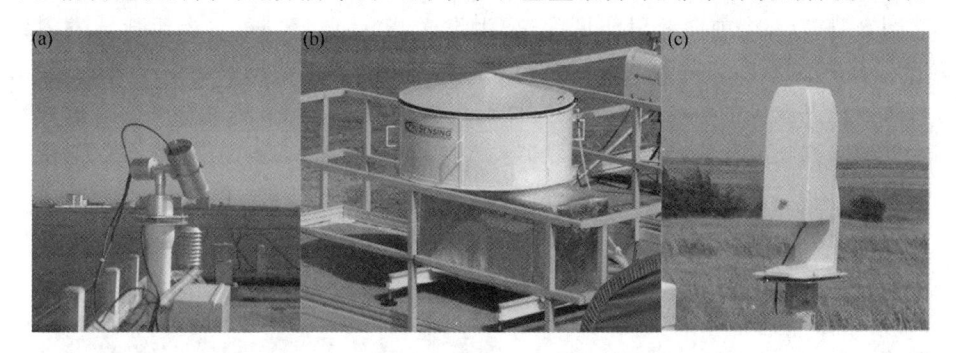

图 8-14 (a)红外成像仪(b)云雷达(c)激光云高仪

全天空测云技术是一种基于电荷耦合器件 CCD(Charge coupled device)硬件技术、微波辐射技术及数字图像处理技术发展的地基被动式遥感测云技术。原理是通过 CCD 镜头加装鱼眼透镜或微波辐射计对天空进行拍摄,或通过球面镜获取天空镜像后用相机拍摄球面镜上的全天空图像获取,或采用 CCD 镜头旋转扫描拼图得到全天空图像,然后通过图像处理及计算来得到云信息参数。

(10)能见度自动观测

能见度观测的进步也是准自动化时代观测科学性的代表。在人工观测时代,观测员通过目视固定设置于离台站不同距离的物体来判断能见度的大小,而在准自动化时代,能见度仪则承担起这一职责。能见度观测仪主要有透射式和散射式两种。透射仪是一种通过测量大气透明度来计算能见度的仪器。散射仪是利用气溶胶粒子对于光线的散射作用,通过判定颗粒物的多少以及直径大小,计算出能见度的值。

①透射能见度仪 透射能见度仪采用测量发射器和接收器之间水平空气柱的平均消光(透射)系数而算出能见度。发射器提供一个经过调制的定常平均功率的光通量源,接收器主要由一个光检测器组成。由光检测器输出测定透射系数,再据此计算消光系数和气象光学视程。透射能见度仪测定气象光学视程是根据准直光

束的散射和吸收导致光的损失的原理，所以它与气象光学视程的定义密切相关，观测的能见距离与能见度很一致。

发射器和接收器之间光束传递距离称为基线，可从几米到 150 m。它取决于气象光学视程值的范围与测量结果应用情况。

②散射能见度仪　散射能见度仪是测量散射系数从而估算出气象光学视程的仪器。根据光发射器光轴同接收器光轴的角度关系，又可分前向散射能见度仪、后向散射能见度仪和总散射能见度仪。气象部门主要使用的是前向散射能见度仪。

图 8-15 为一个前向散射能见度仪，由发送器、接收器与处理器组成。发射器发出近红外光脉冲，接收器测量的是与发射光束成 33°角的散射光束（不同型号的前向散射能见度仪的角度是不同的），然后由处理器计算出气象光学视程。散射能见度仪的基线长度很短，光源与接收器安装在同一支架上，避免了基线难以对准的缺陷。

两种能见度观测仪均能自动采样，取平均值输出能见度连续变化。

能见度采样区域中心距地高度 280±10 cm，横臂为南北向。

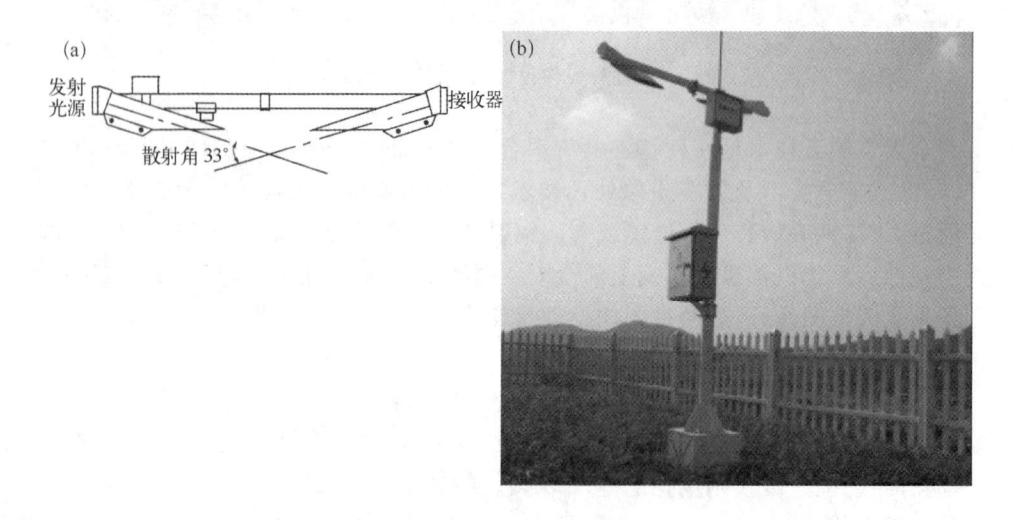

图 8-15　前向散射能见度仪工作示意图(a)及仪器实物(b)

四、数据采集器

数据采集器是自动气象站的核心。采集器从传感器采集数据，然后由内部的微处理器按规定的算法进行运算处理和质量控制，生成各气象要素观测值，再以规定的数据格式将这些观测值存储在存储器内，并能按规定响应传输要求。

采集器要完成数据采集、处理、存储、传输和系统运行管理功能。因此,采集器一般由传感器接口电路、微处理器、存储器和通信接口等主要模块组成。

五、外部设备

自动气象站的外部设备是指除传感器和采集器以外自动气象站所配属的设备,通常主要包括供电电源、业务终端、通信传输设备等,每个自动气象站无须配备全部的外部设备,而是根据承担任务的需要配备所需的外部设备。

第二节　现代农业气象综合观测系统

为适应现代农业发展需求而开展的现代农业气象综合观测,是现代农业气象服务和农业气象科研的基础,也是现代气象综合观测的重要组成部分。

一、农业气象自动化观测的需求

农业气象观测的任务之一,就是依据《农业气象观测规范》对作物的发育期进行观测。但随着社会发展,传统农业气象观测与现代农业气象业务需求之间的矛盾也日显突出。主要存在以下问题:

1. 观测员工作量和劳动强度大

农业气象观测地段大多远离台站,取土样等项目需要远距离交通给日常业务带来极大不便,同时增加了观测人员的工作量和劳动强度,给观测工作带来了困难。

2. 观测精度受主观因素的影响

依观测人员的观测技能、观测习惯等,在观测中对作物生育期、密度、苗情长势、土壤水分等在取样、判断、量化等环节上不可避免地存在主观因素的影响,因而降低了实际观测精度,根据资料检验和对比观测试验,不同人员的观测误差可达到30%~60%。

3. 观测的时效性不能满足现代农业气象服务的需要

传统农业气象观测的时效性不甚理想,不能形成对作物生长过程的连续观测,难以满足现代农业气象业务服务的需要,严重影响了服务质量和效果。

4. 农业气象观测的系统性亟待改进

农作物生长受土壤、大气及农田小气候的影响,人工观测主要对作物和土壤水分进行观测,实际服务完全依赖气象台站的常规气象资料。但能更好地反映农田作物长势和灾害发生真实情况的农田小气候资料与气象台站的观测资料有一定的差异。因而人工不能对作物生长进程进行完整、系统地观测。

5. 缺乏农田背景信息

传统的观测缺乏农事活动、环境变化等农田背景信息实时观测，致使这些重要的背景信息未能在观测资料中完全体现和在适用性分析中发挥应有作用。

6. 传统的农业气象观测影响了现代科学技术在农业气象服务中的应用

人工观测作物生长进程，其观测频次、质量和精度都不能满足作物模型的应用和卫星遥感监测验证的需求，在一定程度上影响了作物模型的发展和卫星遥感在农业气象服务上的大范围应用。

针对上述问题，中国气象局、中国农业科学院等单位共同开展了农业气象自动化观测技术研究。重点解决作物特征等系列化农业气象观测装置（研制新型设备）、农作物生育期自动识别（软件识别与规范制订）、农业气象自动化观测系统（以集成调试和规范设计为主）、配套软件平台开发（数据自动化分析处理）等4个技术问题。在此基础上构建了农业气象现代化观测的实现技术和设计构思。使农业气象自动化观测的实现成为可能（图8-16）。

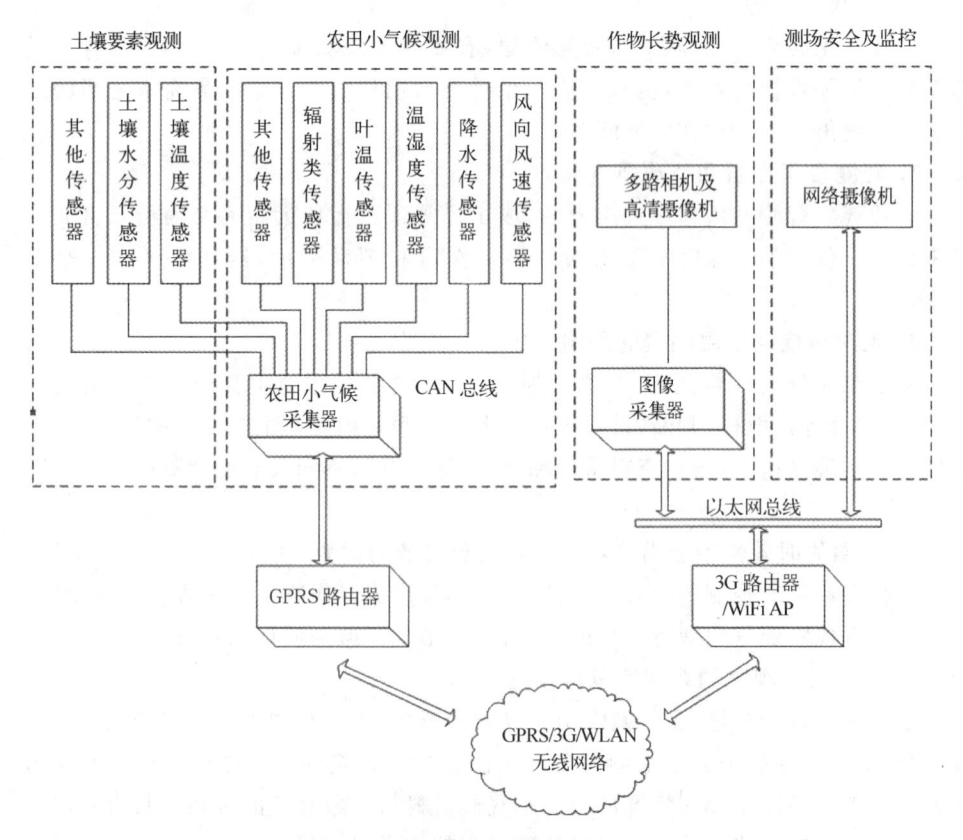

图 8-16 农业气象自动观测系统终端结构设计框图

二、自动化农业气象观测装置与实现技术

常规农业气象观测包括作物发育期、覆盖度、株高、病虫害、农事活动、土壤水分与地温、农田小气候及环境监控等一系列内容。

1. 农业气象自动化观测的设计技术

农业气象自动化观测是一个集作物发育观测、农田小气候观测、土壤水分观测和农事活动与安全视频监控等多种功能于一体的综合性观测系统,系统集成的总体目标是实现作物—大气—土壤一体化的自动观测(如图 8-17)。

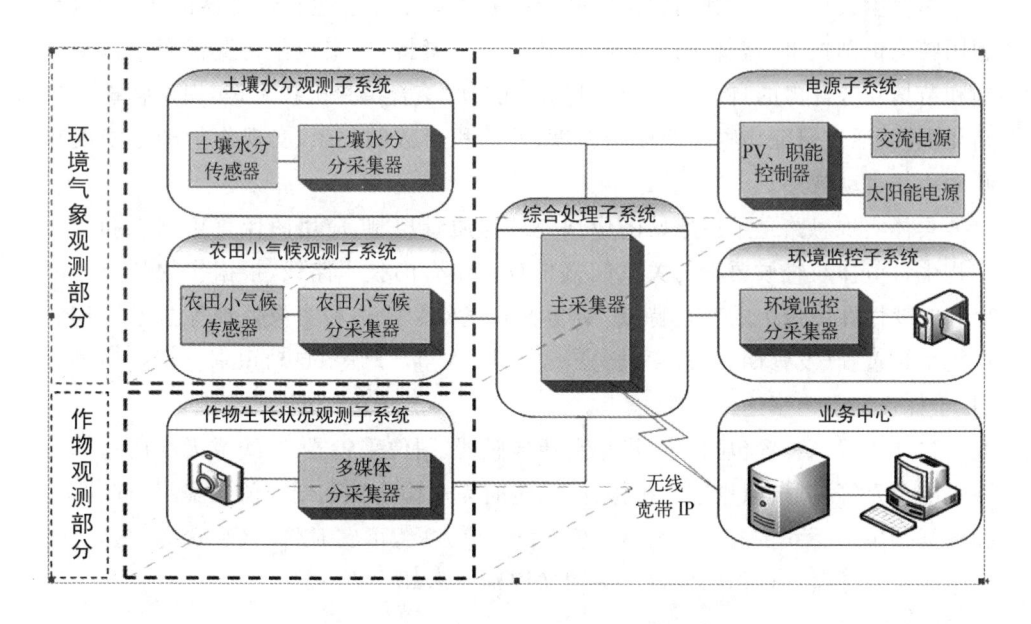

图 8-17 农业气象自动观测系统总体结构图

由图 8-17 可见,该系统的集成规模和技术难度远大于水文、气象等相关领域常用的自动气象站。因此,农业气象自动化观测系统的设计理念中包含了适应农业气象观测复杂性要求的系统集成技术、图像多角度集成化采集技术、农业气象自动化观测数据采集与处理平台技术及适应现代农业特点和不同种植方式的仪器安装技术。

在系统总体设计中采用了"积木式"设计思想,可基于图 8-16 中的 CAN 总线技术和工业以太网总线技术进行各传感器的动态接入管理。即观测点可以直接去掉不需观测的要素传感器,或增加新的要素观测传感器时,也只需要给出新的观测

指标或传感器的接口标准即可实现,不需要重新设计系统结构,满足了农业气象观测可配置性的要求,为灵活选型、统一构建适应各种作物的一体化农业气象观测网奠定了技术基础。

2. 作物生长自动观测

作物发育期的自动观测是实现农业气象自动观测的关键技术。在人工观测中,农作物发育期、长势、病虫害及农事活动等主要靠人工目测(含手感触摸、农户调查等间接技术)。在自动化观测中则是以图像传感器代替人工目测,实现作物数字图像信息的自动采集。

作物生长自动观测利用三维空间模拟技术确定作物生长传感器的技术指标;利用图像识别技术结合作物生长特征及气象要素特点,实现作物发育期的自动识别和苗情长势优劣的自动识别;利用摄影测量学结合单片机技术,实现作物株高自动化观测;通过研究作物覆盖度与密度、叶面积指数的关系,实现作物种植密度和叶面积的自动观测。

具体实现思路是采用原始图像预处理与质量控制,应用图像直接判识和结合作物生育节律与气候要素的关系间接推算相结合的技术路线,根据作物长势的渐变和突变性在图像中的变化特点,结合农业气象学知识和图像处理等技术实现农作物生长过程(发育期、覆盖度、长势、病虫害、农事活动等)自动识别。实际检测表明,单株识别准确率达到90%以上。

自动化观测装置包括高分辨率图像传感器、图像采集器、有线或无线网络部件和供电单元等,可按照设定的拍摄计划,定时完成作物实景图像的采集、处理、存储和数据传输。系统支持 WiFi、3G 等无线通信方式,可实时将图像、状态数据上传到中心站服务器进行作物发育期等图像识别处理(图 8-18)。

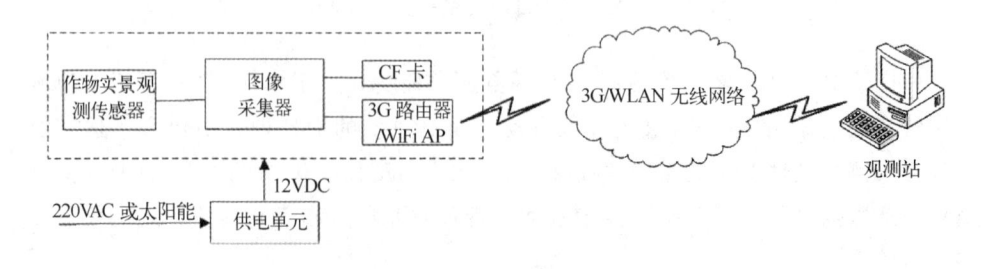

图 8-18 作物特征观测装置结构图

3. 自动化农业气象观测仪器特点

农业气象自动观测仪器，必须具备以下特点：

(1) 保持观测区域作物生长环境与大田的一致性（取样代表性）。

(2) 尽量减小仪器布设对观测环境的影响（观测环境的代表性）。

(3) 设备结构尽量简单（降低生产成本）。

(4) 便于农田大型机械化作业。

(5) 便于运输、安装与维护。

目前采用的无拉索、无护栏、可倾倒、防抖动的集农田小气候、作物发育期、农事活动及安全报警监控一体化的简立式杆件结构，包括观测和电源（太阳能或电网供电）两部分。不仅满足了上述要求，并有效降低了高秆与矮秆作物、单一种植与间作、轮作与套种等不同种植方式对系统型号的技术要求与难度，也降低了仪器安装、维护的工作强度（图8-19）。

图8-19　棉花田中的农业气象自动观测站

农业气象自动观测实现了农业气象观测从定性观测向定量观测的转化，大大减轻了农业气象观测人员的劳动强度，提高了观测效率和观测数据的准确性，并可实时掌握农作物生长、发育的全过程。农业气象自动化观测的实现技术及设备已经在部分台站试运行并将很快投入业务中，将在农业气象服务中发挥重要作用，进而推动现代农业的发展（图8-20）。

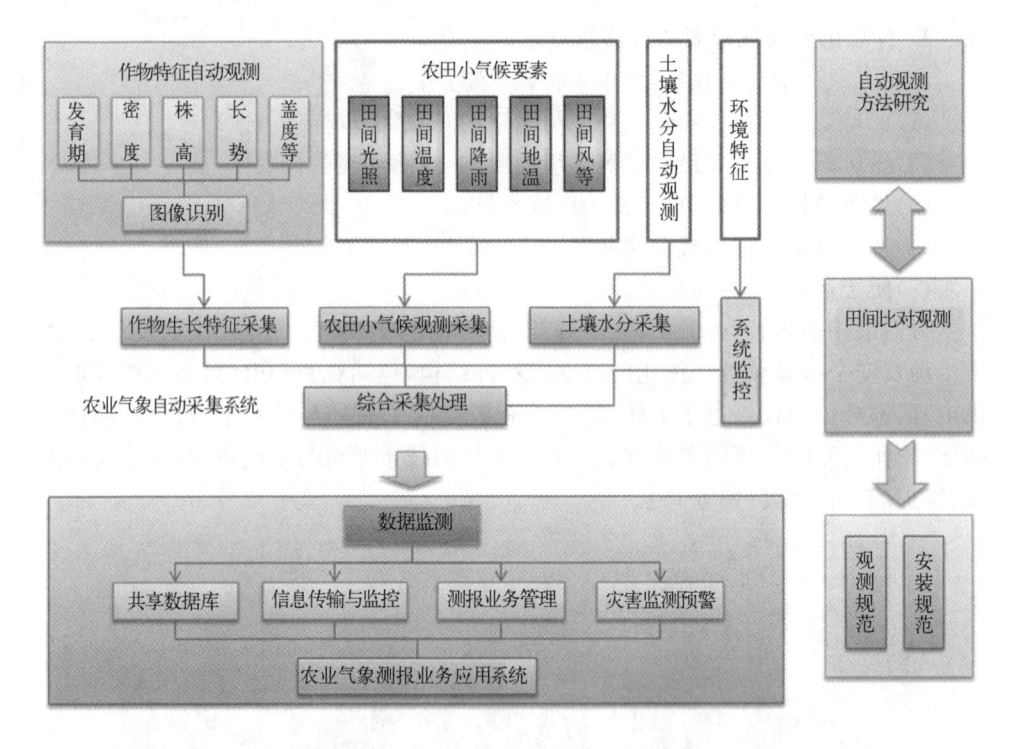

图 8-20 农业气象业务应用系统流程图

第三节　农业小气候自动综合观测系统

一、农田小气候观测仪

现代化的农业小气候观测，实行多要素综合及自动观测，并对所取得的大量数据进行自动处理，这就需要小气候自动综合观测仪。

农田小气候自动观测仪配有蓝牙或 WiFi 等通信模块，可实现无线传输或现场读数。整套系统可实现实时监控、数据收集、异常预警等功能。

在农田小气候观测中，可采用主站和分节点的星形拓扑结构设计，主站测量风向、风速、温度、湿度、气压、雨量、太阳总辐射、光合有效辐射等气象要素，分节点可测量土壤温、湿度等其他要素。分节点通过无线方式将数据定时传送至主站，由主站统一实现存储、上传等功能。主站中心站软件系统通过对各气象数据的分析，可为改善作物生长环境条件的措施、预防和减轻气象灾害、提高农作物的产量和质量提供气象数据，也可用于设施农业、林业、园艺、畜牧业等领域（图 8-21）。

图 8-21 枣园中的农田小气候观测仪

农田小气候自动观测仪器具有操作简单、拆装方便、适合移动气象环境监测等特点。小时数据存储时间长达 1 个月以上，可实现气象数据的实时自动采集，并可用 GPRS 远程无线方式传输至数据中心或手机用户，也可在现场以蓝牙或 USB 接口等方式方便地读取数据。

二、设施农业小气候监测系统

设施农业小气候监测系统主要用于实时监测温室、遮阳等农业设施内的气象要素，为生产者了解设施内环境条件变化，及时调整栽培管理措施提供科学依据，使作物始终处于最适合的生长环境，预防和减轻气象灾害，提高农作物的产量和质量。这里仅介绍一种智能温室小气候监测系统。

该系统采用智能温室仪和田间小气候站综合观测的方法，通过无线通信方式将数据传输到中心数据处理分析系统，为广大农户提供科学、及时的农业气象服务（图 8-22）。

1. 智能温室仪

智能温室仪能够测量并记录室内温度、湿度、二氧化碳、土壤温度、土壤湿度、

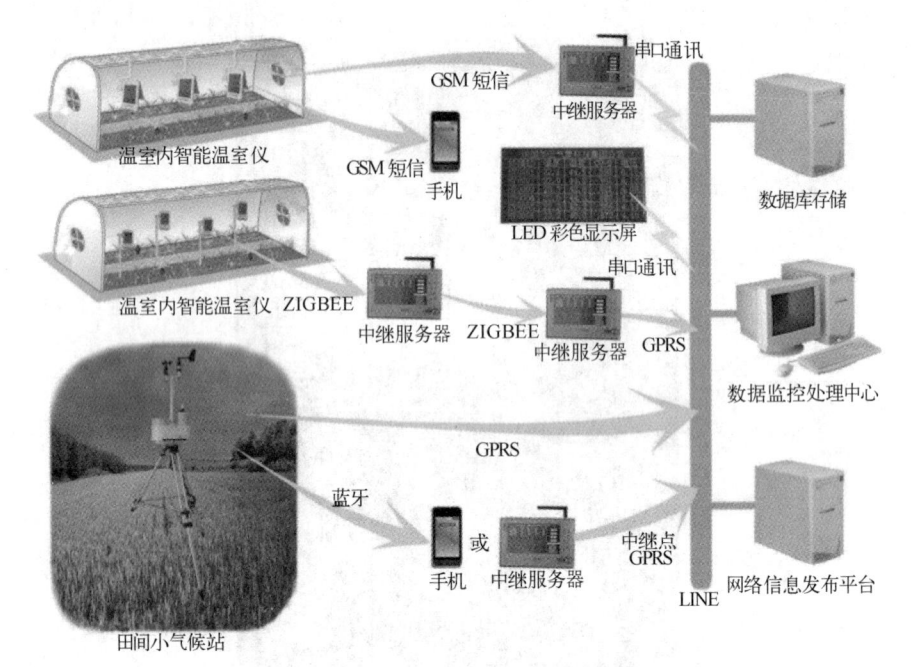

图 8-22 智能温室小气候监测系统

光合有效辐射等气象要素。产品采用智能传感器技术,根据用户需求通过短信或无线组网等通信方式将数据发送到个人手机、电脑、LED 显示屏或数据收集平台,具有实时监测、超限报警、本地数据显示等功能,通过太阳能供电方式可长期稳定运行。背面可翻折式太阳能电池板,有光照时自动充电,支持外接电源(图 8-23)。

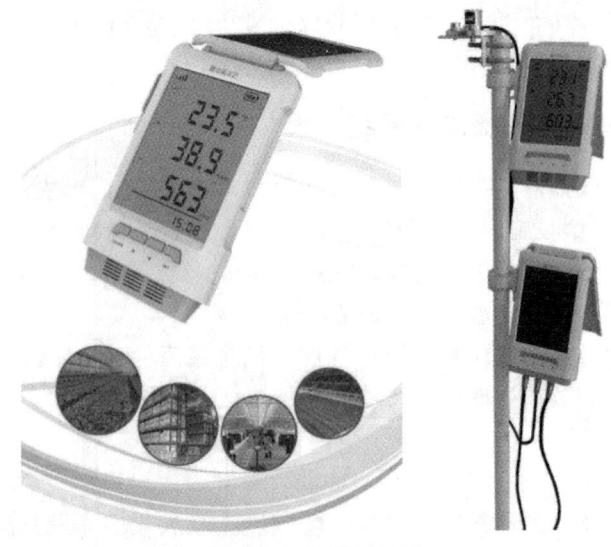

图 8-23 智能温室仪

智能温室仪根据使用方式分为单机型和组网型,单机型主要实现单个温室内气象要素的实时监测及异常报警。通过短信方式将数据发送到个人手机、电脑、LED 显示屏等设备中。

组网型主要针对多个温室,建立气象环境监测网,各个终端监测点通过无线 ZIGBEE 通信方式将数据传送至中继节点服务器,它负责各温室大棚气象数据的收集和存储,再通过 GPRS 通信方式将数据传送至中心数据处理平台,也可增加现场显示屏终端或外接 LED 显示屏进行数据发布。

2. 中继节点服务器

中继节点服务器是应用在组网中必不可少的中介传输设备,它将多个智能温室仪的数据收集并存储,自身配有 TFT 液晶屏可以显示各站点的实时分钟数据。1 个中继节点服务器可配接 10 个智能温室仪组网使用,自身可保存 1 个月以上小时数据,能够将智能温室仪传来的数据汇总打包后以 GPRS 无线方式传送给数据处理中心,也可将数据传送给手机终端或 LED 显示屏显示。中继节点服务器还可自身组成一个网络,通过多个中继节点服务器可将 N 个温室大棚监测网络汇总收集数据,并将数据传至数据处理中心,从而实现多层网络组网(图 8-24)。

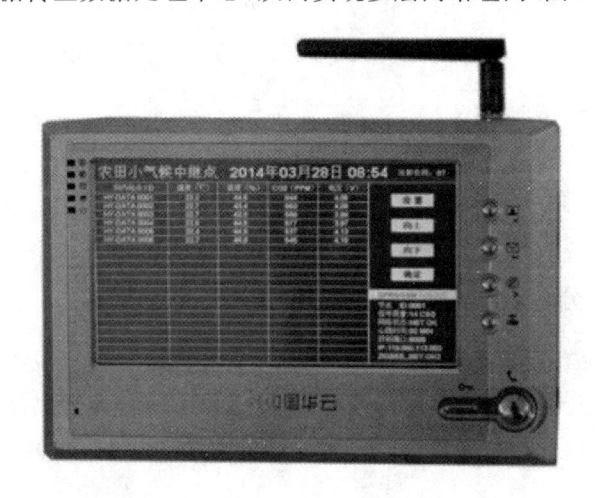

图 8-24 农田小气候系统中继节点服务器

3. 中心数据处理分析系统

中心数据处理分析系统是农田小气候系统专用配套软件,它可实现对所有子站的实时监控、预警,采集、分析、处理和储存所有子站和中继点发来的监测数据。其主要功能包括:参数设置、观测结果显示、采集控制处理、通信传输、数据通信状态监控和图表显示。用于实现有人站/无人站的数据自动收集/自动上传,形成数据库及文件、数据统计分析、形成各类曲线图/柱状图、实时掌握环境实况、实时远程监控和数据监控预警等,能全自动长期运行。还可将数据屏幕显示数据和小气候数据导出到 EXCEL 进行编辑,按需要生成图表;能够查询显示单站的每种参数过程曲线趋势,最大值、最小值、平均值显示查看,清晰明了;可以进行宏配置,方便添加子站时选择类型和测量要素。可将存储记录的数据以气象专业数据格式存储;可将存储记录的数据以 EXCEL 格式备份保存,方便以后调用。具有超限区域着色报警功能,显示直观,为客户带来更多便捷;可以多站查询对比数据;每种参数的报表、曲线图均可选择时段查询查看(图 8-25),并可通过计算机打印。

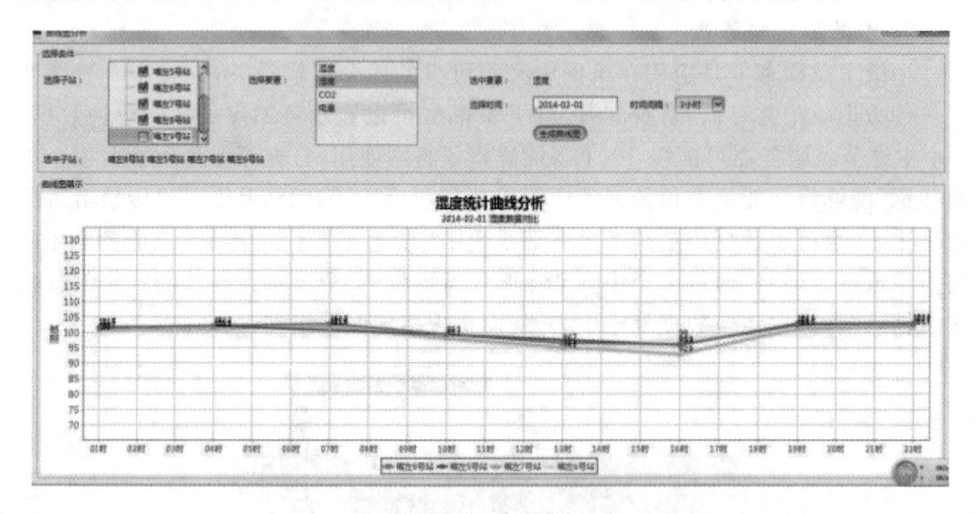

图 8-25　温度变化趋势

三、土壤水分观测

目前,全国仅有极少数农业气象试验站保持土壤水分人工观测,大部分农业气象观测站已使用土壤水分自动观测系统。《自动土壤水分观测规范(试行)》对土壤水分观测的地段、选址、场地建设、仪器布置、安装方法、土壤观测深度和层次都做了详细的要求。

1. 观测地段

观测地段分为固定观测地段、作物观测地段和辅助观测地段。辅助地段的设置、测定时间、测定深度等由业务部门自行确定。

2. 观测仪器

应使用具有国务院气象业务主管部门颁发的使用许可证,或经国务院气象业务主管部门审批同意用于观测业务的土壤水分观测仪器。通常固定地段使用自动土壤水分观测仪,辅助地段采用便携式土壤水分仪进行观测。

下面介绍下自动土壤水分观测仪的观测原理和结构情况。

自动土壤水分观测仪是利用频域反射法（Frequency domain reflection，FDR）原理来测定土壤体积含水量的自动化测量仪器。可以方便、快速地在同一地点进行不同层次土壤水分观测，获取具有代表性、准确性和可比较性的土壤水分连续观测资料。可减轻人工观测劳动量，提高观测数据的时空密度，为干旱监测、农业气象预报和服务提供高质量的土壤水分监测资料。

(1)观测原理

自动土壤水分观测仪由传感器发出 100MHz 高频信号，传感器电容（压）量与被测层次土壤的介电常数成函数关系。由于水的介电常数比一般介质的介电常数要大得多，所以当土壤中的水分变化时，其介电常数相应变化，测量时传感器给出的电容（压）值也随之变化，这种变化量被 CPU 实时控制的数据采集器所采集，经过线性化和定量化处理，得出土壤水分观测值，并按一定的格式存储在采集器中。

(2)系统结构

自动土壤水分观测仪是基于现代测量技术构件，由硬件和软件组成。硬件可分成传感器、采集器和外围设备三部分，软件为采集软件和业务软件两种。该结构的特点是既可以与微机终端连接组成土壤水分测量系统，也可以作为土壤水分采集系统挂接在其他采集系统上（图 8-26）。

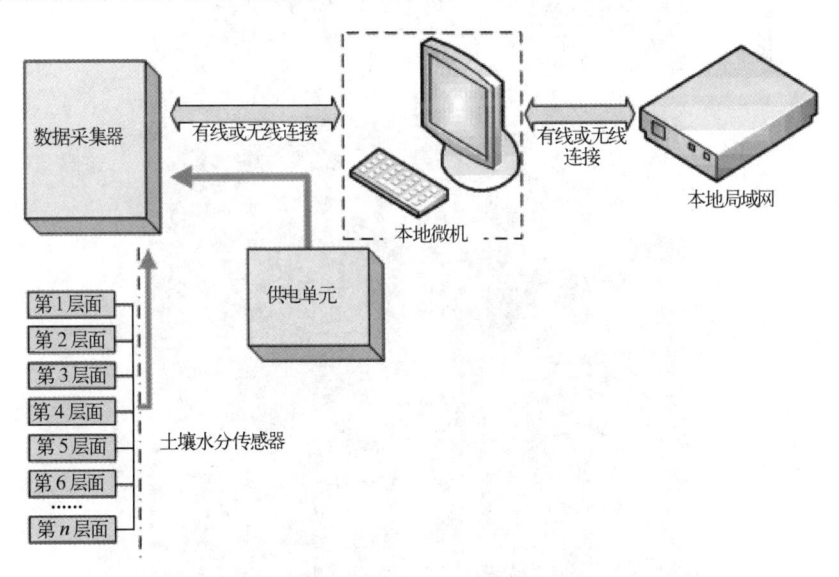

图 8-26 自动土壤水分观测仪组成

①传感器　自动土壤水分传感器根据安装方式不同，可分为探针式传感器和

插管式传感器两类：

a. 探针式传感器：传感器由高频发射器、接收器、微处理电路、探针等组成，处理电路等安装在一个密封防水室内，感应探针一端与密封防水室相连，另一端直接插入土壤，根据电磁波在不同阻抗下的变化测量土壤中水分含量变化（图 8-27）。

图 8-27　探针式传感器

b. 插管式传感器：传感器由电容式传感器、处理电路、护管等组成，护管垂直插在土壤中，传感器以并联方式安装在护管中，不与土壤直接接触。根据探测器发出的电磁波在不同介电常数物质中的频率不同，计算被测物含水量（图 8-28）。

图 8-28　插管式传感器

②数据采集器　数据采集器是自动土壤水分测量系统的核心,其主要功能是完成数据采样、数据处理、质量控制、数据存储、数据通信。

③外围设备

a. 电源　交流电 220 V($-15\%\sim10\%$),直流 12 V。配有蓄电池并可对蓄电池充电。也可以配置辅助电源(包括太阳能、风能)对蓄电池充电。

b. 通信连接设备　通信连接设备是指连接采集器与计算机、计算机与中心站、采集器与中心站等的通信接口与通讯模块。

c. 采集器　采集器具有采集电压、电流、频率、并行码、计数输入等信号的能力,以连接各种传感器,测量相应气象要素。

d. 微机系统　微机用作采集器的终端,实现对采集器的监控、数据处理和存储,应能满足采集软件和业务软件运行的基本配置要求。

自动土壤水分观测仪安装好后,需用传统的烘干法测得的土壤水分值对仪器进行标定后方可使用。

参考文献

胡玉峰.2004.自动气象站原理与测量方法.北京:气象出版社.
李东林.2014.农业气象观测与试验.北京:气象出版社.
王炳忠,等.2010.现代气象辐射测量技术.北京:气象出版社.
王建国,等.2014.现代农业气象观测技术方法.北京:气象出版社.
张霭琛.2010.现代气象观测.北京:北京大学出版社.
中国气象局.2008.地面气象观测数据文件和记录簿.北京:气象出版社.
中国气象局.2011.地面气象观测规范.北京:气象出版社.
中国气象局综合观测司.2015.地面观测场规范化图册.北京:气象出版社.

附表1 可照时数表

单位：h

月	北纬								
	20°	24°	28°	32°	36°	40°	44°	48°	52°
	逐月可照总时数								
1	342.2	334.9	327.3	318.9	309.7	299.4	287.8	274.0	257.6
2(平)	321.2	317.5	313.6	309.4	304.7	299.6	293.7	286.8	276.5
2(闰)	332.7	328.9	324.8	320.4	315.6	310.3	304.2	297.1	286.5
3	372.0	371.6	371.1	370.5	369.9	369.3	368.5	367.8	366.2
4	377.3	380.5	384.2	388.2	392.4	397.3	402.6	408.9	415.2
5	404.2	411.0	418.3	426.1	434.8	444.4	455.5	468.5	484.5
6	398.2	406.4	415.2	424.6	435.2	447.0	460.7	476.8	498.2
7	408.0	415.6	423.8	432.6	442.4	453.5	466.1	480.9	501.4
8	395.4	400.2	405.2	410.7	416.9	423.5	431.3	440.2	453.0
9	366.3	367.1	368.1	369.3	370.5	371.8	373.4	375.1	379.9
10	361.1	353.1	354.9	351.6	347.9	343.9	339.4	334.1	330.3
11	334.6	328.3	321.6	314.5	306.7	297.9	287.9	276.3	265.0
12	338.1	329.9	321.2	311.7	301.2	289.5	276.1	260.4	242.3
平年	4 418.6	4 421.1	4 424.4	4 428.1	4 432.3	4 437.1	4 443.0	4 449.8	4 470.1
闰年	4 430.1	4 432.5	4 435.7	4 439.1	4 443.2	4 447.8	4 453.5	4 460.1	4 480.1
月-日	逐日可照时数								
1-1	10.90	10.63	10.35	10.04	9.70	9.32	8.89	8.39	7.82
1-6	10.93	10.67	10.40	10.10	9.77	9.40	8.98	8.48	7.92
1-11	10.97	10.72	10.46	10.17	9.85	9.50	9.09	8.62	8.07
1-16	11.02	10.78	10.53	10.25	9.95	9.62	9.23	8.78	8.27
1-21	11.08	10.85	10.61	10.35	10.07	9.75	9.39	8.97	8.48
1-26	11.14	10.93	10.71	10.47	10.21	9.91	9.58	9.18	8.73
2-1	11.23	11.04	10.84	10.62	10.38	10.11	9.82	9.45	9.05
2-6	11.30	11.13	10.95	10.75	10.54	10.30	10.03	9.71	9.35
2-11	11.38	11.23	11.07	10.90	10.71	10.50	10.25	9.97	9.65

续表

月-日	北纬								
	20°	24°	28°	32°	36°	40°	44°	48°	52°
	逐日可照时数								
2-16	11.47	11.34	11.20	11.05	10.88	10.70	10.49	10.25	9.95
2-21	11.56	11.45	11.33	11.20	11.06	10.91	10.74	10.53	10.28
2-26	11.65	11.56	11.46	11.36	11.24	11.12	10.98	10.81	10.62
3-1	11.71	11.63	11.55	11.46	11.35	11.25	11.12	10.98	10.80
3-6	11.80	11.75	11.69	11.62	11.54	11.46	11.37	11.27	11.13
3-11	11.90	11.86	11.82	11.78	11.73	11.68	11.62	11.56	11.48
3-16	12.00	11.98	11.96	11.94	11.92	11.90	11.88	11.86	11.82
3-21	12.10	12.10	12.11	12.11	12.12	12.13	12.14	12.15	12.17
3-26	12.20	12.23	12.26	12.29	12.32	12.35	12.39	12.44	12.48
4-1	12.30	12.35	12.41	12.47	12.53	12.61	12.69	12.79	12.88
4-6	12.40	12.47	12.53	12.63	12.72	12.83	12.94	13.08	13.22
4-11	12.49	12.58	12.68	12.79	12.91	13.04	13.19	13.36	13.56
4-16	12.58	12.69	12.81	12.95	13.09	13.25	13.43	13.64	13.88
4-21	12.67	12.80	12.94	13.10	13.27	13.46	13.67	13.92	14.20
4-26	12.76	12.90	13.07	13.25	13.44	13.66	13.90	14.18	14.52
5-1	12.83	13.00	13.19	13.39	13.61	13.85	14.12	14.44	14.82
5-6	12.91	13.10	13.30	13.52	13.76	14.03	14.34	14.69	15.13
5-11	12.98	13.19	13.41	13.65	13.91	14.20	14.54	14.93	15.40
5-16	13.25	13.27	13.51	13.77	14.05	14.36	14.72	15.15	15.67
5-21	13.11	13.35	13.60	13.87	14.17	14.51	14.89	15.35	15.90
5-26	13.17	13.42	13.68	13.96	14.28	14.64	15.04	15.52	16.13
6-1	13.22	13.48	13.76	14.06	14.39	14.76	15.20	15.70	16.35
6-6	13.25	13.52	13.81	14.12	14.46	14.85	15.30	15.82	16.48
6-11	13.28	13.55	13.84	14.16	14.52	14.91	15.37	15.91	16.62
6-16	13.29	13.57	13.87	14.19	14.55	14.95	15.41	15.96	16.68
6-21	13.30	13.58	13.88	14.20	14.56	14.96	15.43	15.98	16.72
6-26	13.29	13.57	13.87	14.19	14.55	14.95	15.42	15.97	16.68
7-1	13.28	13.55	13.84	14.16	14.52	14.92	15.37	15.92	16.63
7-6	13.25	13.52	13.81	14.12	14.46	14.86	15.30	15.83	16.53

附表1 可照时数表

续表

月-日	北纬 20°	24°	28°	32°	36°	40°	44°	48°	52°
	逐日可照时数								
7-11	13.22	13.48	13.76	14.06	14.39	14.77	15.21	15.72	16.40
7-16	13.18	13.43	13.70	13.99	14.31	14.67	15.09	15.57	16.22
7-21	13.13	13.37	13.63	13.90	14.20	14.55	14.94	15.40	16.02
7-26	13.07	13.30	13.54	13.79	14.08	14.41	14.78	15.21	15.80
8-1	12.99	13.20	13.42	13.66	13.93	14.22	14.56	14.95	15.48
8-6	12.92	13.11	13.32	13.54	13.79	14.05	14.36	14.72	15.22
8-11	12.85	13.02	13.20	13.41	13.63	13.87	14.15	14.48	14.92
8-16	12.77	12.92	13.08	13.26	13.46	13.68	13.94	14.23	14.63
8-21	12.68	12.82	12.96	13.12	13.29	13.49	13.72	13.96	14.32
8-26	12.59	12.71	12.83	12.97	13.12	13.29	13.47	13.69	14.00
9-1	12.49	12.58	12.68	12.79	12.91	13.04	13.19	13.36	13.62
9-6	12.40	12.47	12.55	12.63	12.72	12.83	12.95	13.08	13.30
9-11	12.30	12.35	12.41	12.47	12.54	12.61	12.70	12.79	12.97
9-16	12.21	12.24	12.27	12.31	12.35	12.40	12.45	12.51	12.63
9-21	12.11	12.12	12.13	12.15	12.17	12.18	12.20	12.22	12.30
9-26	12.02	12.01	12.00	11.99	11.98	11.96	11.95	11.93	11.97
10-1	11.93	11.89	11.86	11.82	11.78	11.74	11.69	11.64	11.65
10-6	11.83	11.78	11.72	11.66	11.59	11.52	11.44	11.35	11.30
10-11	11.74	11.67	11.59	11.50	11.40	11.31	11.19	11.06	10.98
10-16	11.65	11.55	11.45	11.34	11.22	11.09	10.95	10.78	10.65
10-21	11.56	11.44	11.31	11.18	11.04	10.88	10.71	10.50	10.32
10-26	11.46	11.33	11.18	11.03	10.86	10.68	10.47	10.22	10.02
11-1	11.37	11.21	11.04	10.86	10.66	10.44	10.19	9.90	9.63
11-6	11.28	11.11	10.92	10.71	10.49	10.25	9.97	9.65	9.33
11-11	11.21	11.01	10.80	10.58	10.34	10.07	9.76	9.40	9.05
11-16	11.14	10.92	10.70	10.46	10.20	9.90	9.56	9.17	8.78
11-21	11.08	10.85	10.61	10.35	10.07	9.75	9.39	8.96	8.52
11-26	11.02	10.78	10.52	10.25	9.95	9.61	9.22	8.77	8.30
12-1	10.97	10.72	10.45	10.17	9.85	9.49	9.09	8.61	8.12

续表

月-日	北纬								
	20°	24°	28°	32°	36°	40°	44°	48°	52°
	逐日可照时数								
12-6	10.93	10.67	10.40	10.10	9.77	9.40	8.98	8.48	7.95
12-11	10.90	10.64	10.36	10.05	9.71	9.33	8.89	8.38	7.83
12-16	10.88	10.62	10.33	10.01	9.67	9.29	8.84	8.32	7.75
12-21	10.88	10.61	10.32	10.00	9.65	9.27	8.82	8.30	7.70
12-26	10.88	10.61	10.32	10.01	9.66	9.23	8.84	8.31	7.72

查表说明:

1. 表上没有的纬度和日期用内插法查算。
2. 查各月可照总时数时,纬度精确到30′,即01′~14′不计,15′~44′作30′计,45′~59′作1°计。
3. 查逐日可照时数时,纬度精确到1°,即:01′~29′不计,30′~59′作1°计。

附表2 空气相对湿度查算表(利用干湿球温度表)

湿球温度 t'(℃)	不同干湿球温度差(Δt)条件下的空气相对湿度(%)												
	0.0℃	0.5℃	1.0℃	1.5℃	2.0℃	2.5℃	3.0℃	3.5℃	4.0℃	4.5℃	5.0℃	5.5℃	6.0℃
30.0	100	96	93	89	86	83	79	77	74	71	68	66	63
29.5	100	96	93	89	86	83	79	76	74	71	68	66	63
29.0	100	96	93	89	86	82	79	76	73	71	68	65	63
28.5	100	96	92	89	85	82	79	76	73	70	68	65	62
28.0	100	96	92	89	85	82	79	76	73	70	67	65	62
27.5	100	96	92	89	85	82	79	76	73	70	67	64	62
27.0	100	96	92	89	85	82	78	75	72	69	67	64	61
26.5	100	96	92	88	85	81	78	75	72	69	66	64	61
26.0	100	96	92	88	84	81	78	74	72	69	66	63	61
25.5	100	96	92	88	84	81	78	74	71	68	66	63	60
25.0	100	96	92	88	84	81	78	74	71	68	65	63	60
24.5	100	96	92	88	84	81	77	74	71	68	65	62	59
24.0	100	96	92	88	84	80	77	74	71	67	65	62	59
23.5	100	96	92	88	84	80	77	73	70	67	64	61	59
23.0	100	96	91	87	84	80	76	73	70	67	64	61	58
22.5	100	96	91	87	83	80	76	73	69	66	63	60	58
22.0	100	96	91	87	83	80	76	73	69	66	63	60	57
21.5	100	95	91	87	83	79	76	72	69	66	63	60	57
21.0	100	95	91	87	83	79	75	72	68	65	62	59	56
20.5	100	95	91	87	83	79	75	71	68	65	62	59	56
20.0	100	95	91	86	82	79	75	71	68	64	61	58	55
19.5	100	95	91	86	82	78	74	71	67	64	61	58	55
19.0	100	95	91	86	82	78	74	70	67	63	60	57	54
18.5	100	95	90	86	82	78	74	70	66	63	60	57	54

续表

湿球温度 $t'(℃)$	不同干湿球温度差(Δt)条件下的空气相对湿度(%)											
	0.0℃	0.5℃	1.0℃	1.5℃	2.0℃	2.5℃	3.0℃	3.5℃	4.0℃	4.5℃	5.0℃	5.5℃	6.0℃
18.0	100	95	90	86	81	77	73	70	66	63	59	56	53
17.5	100	95	90	86	81	77	73	69	66	62	59	56	53
17.0	100	95	90	85	81	77	73	69	65	62	58	55	52
16.5	100	95	90	85	81	76	72	68	65	61	58	54	51
16.0	100	95	90	85	80	76	72	68	64	61	57	54	51
15.5	100	95	90	85	80	76	72	67	64	60	57	53	50
15.0	100	95	89	84	80	75	71	67	63	59	56	53	50
14.5	100	94	89	84	79	75	71	66	63	59	55	52	49
14.0	100	94	89	84	79	75	70	66	62	58	55	51	48
13.5	100	94	89	84	79	74	70	66	61	58	54	51	47
13.0	100	94	89	84	78	74	69	65	61	57	53	50	46
12.5	100	94	89	83	78	73	69	64	60	56	53	49	46
12.0	100	94	88	83	78	73	68	64	60	56	52	48	45
11.5	100	94	88	83	77	72	68	63	59	55	51	47	44
11.0	100	94	88	82	77	72	67	63	58	54	50	47	43
10.5	100	94	88	82	77	71	67	62	58	53	50	46	42
10.0	100	94	88	82	76	71	66	61	57	53	49	45	41
9.5	100	93	87	81	76	70	65	61	56	52	48	44	40
9.0	100	93	87	81	75	70	65	60	55	51	47	43	39
8.5	100	93	87	81	75	69	64	59	55	50	46	42	38
8.0	100	93	87	80	74	69	64	59	54	49	45	41	37
7.5	100	93	86	80	74	68	63	58	53	48	44	40	36
7.0	100	93	86	80	73	68	62	57	52	47	43	39	35
6.5	100	93	86	79	73	67	61	56	51	46	42	38	34
6.0	100	93	85	79	72	66	61	55	50	46	41	37	33
5.5	100	92	85	78	72	66	60	54	49	44	40	35	31
5.0	100	92	85	78	71	65	59	54	48	43	39	34	30
4.5	100	92	85	77	71	64	58	53	47	42	37	33	29

附表 2 空气相对湿度查算表（利用干湿球温度表）

续表

湿球温度 t'(℃)	不同干湿球温度差(Δt)条件下的空气相对湿度(%)											
	0.0℃	0.5℃	1.0℃	1.5℃	2.0℃	2.5℃	3.0℃	3.5℃	4.0℃	4.5℃	5.0℃	5.5℃	6.0℃
4.0	100	92	84	77	70	64	57	52	46	41	36	32	27
3.5	100	92	84	76	69	63	57	50	45	40	35	30	26
3.0	100	91	84	76	68	62	56	50	44	39	34	29	24
2.5	100	91	83	75	68	61	55	48	43	37	32	27	23
2.0	100	91	83	75	67	60	54	47	41	36	31	26	21
1.5	100	91	82	74	66	59	52	46	40	35	29	24	20
1.0	100	91	82	74	66	58	51	45	39	33	28	23	18
0.5	100	91	81	73	65	57	50	44	37	31	26	21	16
0.0	100	90	81	72	64	56	49	42	36	30	25	19	14
−0.5	100	90	81	72	63	55	48	41	35	29	23	17	12
−1.0	100	90	80	71	62	54	47	40	33	27	21	16	
−1.5	100	89	79	70	61	53	45	38	31	25	19	14	
−2.0	100	89	79	69	60	52	44	37	30	23	17	12	
−2.5	100	89	79	69	59	51	43	35	28	21	15		
−3.0	100	89	78	68	58	49	41	33	26	19	13		
−3.5	100	88	77	67	57	48	40	32	24	17	11		
−4.0	100	88	77	66	56	47	38	30	22	15			
−4.5	100	88	76	65	55	45	37	28	20	13			
−5.0	100	87	75	64	53	44	35	26	18	11			
−5.5	100	87	75	63	52	42	33	24	16				
−6.0	100	87	74	62	51	40	31	22	14				
−6.5	100	86	73	61	50	39	29	20	11				
−7.0	100	86	72	59	48	37	27	18					
−7.5	100	85	72	59	47	35	25	15					
−8.0	100	85	71	57	45	33	23	13					
−8.5	100	84	70	56	44	32	21						
−9.0	100	84	69	55	42	30	18						
−9.5	100	84	68	54	40	28	16						
−10.0	100	83	67	52	38	25	13						

续表

湿球温度 t'(℃)	不同干湿球温度差(Δt)条件下的空气相对湿度(%)											
	6.5℃	7.0℃	7.5℃	8.0℃	8.5℃	9.0℃	9.5℃	10.0℃	10.5℃	11.0℃	11.5℃	12.0℃
30.0	61	59	57	54	52	50	49	47	45	43	42	40
29.5	61	58	56	54	52	50	48	46	45	43	41	40
29.0	60	58	56	54	52	50	48	46	44	42	41	39
28.5	60	58	55	53	51	49	47	45	44	42	40	39
28.0	60	57	55	53	51	49	47	45	43	42	40	38
27.5	59	57	55	53	50	48	46	45	43	41	39	38
27.0	59	57	54	52	50	48	46	44	42	41	39	37
26.5	59	56	54	52	50	48	46	44	42	40	38	37
26.0	58	56	53	51	49	47	45	43	41	40	38	36
25.5	58	55	53	51	49	47	45	43	41	39	37	36
25.0	57	55	53	50	48	46	44	42	40	39	37	35
24.5	57	54	52	50	48	46	44	42	40	38	36	35
24.0	56	54	52	49	47	45	43	41	39	38	36	34
23.5	56	53	51	49	47	45	43	41	39	37	35	33
23.0	56	53	51	48	46	44	42	40	38	36	35	33
22.5	55	53	50	48	46	43	41	39	38	36	34	32
22.0	55	52	50	47	45	43	41	39	37	35	33	32
21.5	54	52	49	47	44	42	40	38	36	35	33	31
21.0	54	51	49	46	44	42	40	38	36	34	32	30
20.5	53	51	48	46	43	41	39	37	35	33	31	30
20.0	53	50	47	45	43	40	38	36	34	33	31	29
19.5	52	49	47	44	42	40	38	36	34	32	30	28
19.0	51	49	46	44	41	39	37	35	33	31	29	28
18.5	51	48	46	43	41	38	36	34	32	30	29	27
18.0	50	48	45	42	40	38	36	34	32	30	28	26
17.5	50	47	44	42	39	37	35	33	31	29	27	25
17.0	49	46	44	41	39	36	34	32	30	28	26	25
16.5	48	46	43	40	38	36	33	31	29	27	25	24
16.0	48	45	42	40	37	35	33	30	28	26	25	23
15.5	47	44	41	39	36	34	32	30	28	26	24	22

附表 2　空气相对湿度查算表(利用干湿球温度表)

续表

湿球温度 t'(℃)	不同干湿球温度差(Δt)条件下的空气相对湿度(%)										
	6.5℃	7.0℃	7.5℃	8.0℃	8.5℃	9.0℃	9.5℃	10.0℃	10.5℃	11.0℃	11.5℃	12.0℃
15.0	46	43	41	38	36	33	31	29	27	25	23	21
14.5	46	43	40	37	35	32	30	28	26	24	22	20
14.0	45	42	39	36	34	31	29	27	25	23	21	19
13.5	44	41	38	36	33	31	28	26	24	22	20	18
13.0	43	40	37	35	32	30	27	25	23	21	19	17
12.5	42	39	37	34	31	29	26	24	22	20	18	16
12.0	42	39	36	33	30	28	25	23	21	19	17	
11.5	41	38	35	32	29	27	24	22	20	18	16	
11.0	40	37	34	31	28	26	23	21	19	17		
10.5	39	36	33	30	27	24	22	20	17	15		
10.0	38	35	32	29	26	23	21	19	16	14		
9.5	37	34	30	28	25	22	20	17	15			
9.0	36	33	29	26	24	21	18	16				
8.5	35	31	28	25	22	20	17	15				
8.0	34	30	27	24	21	18	16	13				
7.5	32	29	26	23	20	17	14					
7.0	31	28	25	21	19	16	13					
6.5	30	27	23	20	17	14	12					
6.0	29	25	22	19	16	13						
5.5	28	24	20	17	14	11						
5.0	26	23	19	16	13							
4.5	25	21	18	14	11							
4.0	23	20	16	13								
3.5	22	18	14	11								
3.0	20	16	13									
2.5	19	15	11									
2.0	17	13										
1.5	15	11										
1.0	14											
0.5	12											

查表方法：

1. t' 为湿球温度，Δt 为干湿球温度差。

   例，干球温度 $t=25.0℃$，湿球温度 $t'=16.5℃$，干湿差 $\Delta t=8.5℃$

   查得空气相对湿度 $r=38\%$。

2. 表上没有的湿球温度用靠近法查算，干湿差用内插法查算。

   例：干球温度 $t=24.0℃$，湿球温度 $t'=16.1℃$，干湿差 $\Delta t=7.9℃$。

   湿球温度 t' 为 $16.1℃$，靠近 $16.0℃$，因此用 $t'=16.0℃$ 进行查算。

   干湿差 Δt 为 $7.9℃$，介于 $7.5℃$ 和 $8.0℃$ 之间。

   $t'=16.0℃$，$\Delta t=7.5℃$ 时，空气相对湿度 $r=42\%$

   $t'=16.0℃$，$\Delta t=8.0℃$ 时，空气相对湿度 $r=40\%$

   Δt 相差 $0.5℃$，r 相差 2%

   Δt 相差 $0.1℃$，r 相差 $2\%\div 5=0.4\%$

   所以，当 $t'=16.1℃$，$\Delta t=7.9℃$ 时，空气相对湿度 $r=42\%-0.4\%\times 4\approx 40\%$。

附表3 空气相对湿度查算表(利用通风干湿表)

湿球温度 t'(℃)	通风干湿表不同干湿球温度差(Δt)条件下的空气相对湿度(%)												
	0.0℃	0.5℃	1.0℃	1.5℃	2.0℃	2.5℃	3.0℃	3.5℃	4.0℃	4.5℃	5.0℃	5.5℃	6.0℃
30.0	100	96	93	90	86	83	80	77	75	72	69	67	65
29.5	100	96	93	90	86	83	80	77	74	72	69	67	64
29.0	100	96	93	90	86	83	80	77	74	72	69	66	64
28.5	100	96	92	90	86	83	80	77	74	71	69	66	64
28.0	100	96	92	89	86	83	80	77	74	71	68	66	63
27.5	100	96	92	89	86	83	79	77	74	71	68	65	63
27.0	100	96	92	89	86	82	79	76	73	71	68	65	63
26.5	100	96	92	89	85	82	78	76	73	70	68	65	63
26.0	100	96	92	89	85	82	78	76	73	70	67	65	62
25.5	100	96	92	89	85	82	78	75	73	70	67	65	62
25.0	100	96	92	89	85	82	78	75	72	69	67	64	62
24.5	100	96	92	89	85	81	78	75	72	69	66	64	61
24.0	100	96	92	88	85	81	78	75	72	69	66	63	61
23.5	100	96	92	88	85	81	78	75	72	68	66	63	61
23.0	100	96	92	88	84	81	78	74	71	68	65	63	60
22.5	100	96	92	88	84	81	78	74	71	68	65	62	60
22.0	100	96	92	88	84	81	77	74	71	68	65	62	59
21.5	100	95	92	88	84	80	77	74	70	67	65	62	59
21.0	100	95	92	88	84	80	77	73	70	67	64	61	58
20.5	100	95	92	88	83	80	77	73	70	67	64	61	58
20.0	100	95	91	87	83	80	76	73	69	66	63	60	58
19.5	100	95	91	87	83	79	76	72	69	66	63	60	58
19.0	100	95	91	87	83	79	76	72	69	65	62	59	57
18.5	100	95	91	87	83	79	75	71	68	65	62	59	57
18.0	100	95	91	87	83	79	75	71	68	65	62	59	56
17.5	100	95	91	87	82	79	75	71	68	64	61	58	55

续表

湿球温度 t'(℃)	通风干湿表不同干湿球温度差(Δt)条件下的空气相对湿度(%)											
	0.0℃	0.5℃	1.0℃	1.5℃	2.0℃	2.5℃	3.0℃	3.5℃	4.0℃	4.5℃	5.0℃	5.5℃	6.0℃
17.0	100	95	91	86	82	78	74	71	67	64	61	58	55
16.5	100	95	91	86	82	78	74	70	67	64	60	57	54
16.0	100	95	91	86	82	78	74	70	66	63	60	57	54
15.5	100	95	91	86	81	78	73	69	66	63	59	56	53
15.0	100	95	90	85	81	77	73	69	65	62	59	55	52
14.5	100	94	90	85	80	77	73	68	65	61	58	55	52
14.0	100	94	90	85	80	76	72	68	64	61	57	54	51
13.5	100	94	90	85	80	76	72	68	64	60	57	54	50
13.0	100	94	90	85	80	76	71	67	63	60	56	53	50
12.5	100	94	90	84	79	75	71	67	63	59	56	52	49
12.0	100	94	90	84	79	75	70	66	62	59	55	52	48
11.5	100	94	89	84	78	75	70	66	62	58	55	51	48
11.0	100	94	89	84	78	74	69	65	61	57	54	50	47
10.5	100	94	89	83	78	74	69	65	61	57	53	49	46
10.0	100	94	89	83	78	73	69	64	60	56	52	49	45
9.5	100	93	89	83	78	73	68	64	59	56	52	48	45
9.0	100	93	88	82	77	72	68	63	59	55	51	47	44
8.5	100	93	88	82	77	72	68	63	58	54	50	47	43
8.0	100	93	88	82	76	71	66	62	57	53	49	46	42
7.5	100	93	88	81	76	71	66	61	56	53	48	45	41
7.0	100	93	87	81	76	70	65	60	56	52	48	44	40
6.5	100	93	87	81	75	70	65	60	56	51	46	43	39
6.0	100	93	87	81	75	69	64	59	54	50	46	42	38
5.5	100	92	87	80	75	68	64	58	54	49	46	41	37
5.0	100	92	86	80	74	68	63	57	53	48	44	40	36
4.5	100	92	86	79	73	67	62	57	52	47	43	39	35
4.0	100	92	86	79	73	67	61	56	51	46	42	37	33
3.5	100	92	85	78	72	66	61	55	50	45	41	36	33

附表 3 空气相对湿度查算表(利用通风干湿表)

续表

湿球温度 t'(℃)	通风干湿表不同干湿球温度差(Δt)条件下的空气相对湿度(%)											
	0.0℃	0.5℃	1.0℃	1.5℃	2.0℃	2.5℃	3.0℃	3.5℃	4.0℃	4.5℃	5.0℃	5.5℃	6.0℃
3.0	100	91	85	78	72	65	60	54	49	44	39	35	31
2.5	100	91	85	77	71	64	59	53	48	43	39	34	30
2.0	100	91	84	77	70	64	58	52	47	42	37	33	28
1.5	100	91	84	77	70	64	57	52	46	41	36	32	27
1.0	100	91	83	76	69	62	56	50	44	39	34	30	25
0.5	100	91	83	76	68	62	55	50	43	39	33	29	24
0.0	100	91	83	75	67	61	54	48	42	37	31	27	22
−0.5	100	91	83	75	67	61	53	47	41	36	30	26	21
−1.0	100	91	82	74	66	59	52	46	39	34	29	24	19
−1.5	100	91	81	74	65	59	51	45	38	33	27	23	18
−2.0	100	91	81	73	64	57	50	43	37	31	25	20	15
−2.5	100	91	81	73	63	56	48	42	35	30	23	19	15
−3.0	100	91	80	71	62	55	47	40	34	28	22	16	11
−3.5	100	90	80	71	61	54	46	39	33	26	21	15	
−4.0	100	90	79	70	61	52	45	37	30	24	18	13	
−4.5	100	90	78	70	59	52	43	36	30	22	17		
−5.0	100	90	78	68	59	50	42	34	27	20	14		
−5.5	100	90	77	68	57	49	42	33	26	18			
−6.0	100	89	77	66	56	47	39	30	23	16			
−6.5	100	89	76	66	55	46	38	29	22	14			
−7.0	100	88	76	64	54	44	35	27	19	12			
−7.5	100	88	74	64	52	43	35	25					
−8.0	100	88	74	62	51	41	32	23					
−8.5	100	87	73	62	49	39	31	20					
−9.0	100	87	73	60	48	38	28	18					
−9.5	100	87	71	60	46	36	27	16					
−10.0	100	87	71	58	45	34	23	13					

续表

湿球温度 t'(℃)	6.5℃	7.0℃	7.5℃	8.0℃	8.5℃	9.0℃	9.5℃	10.0℃	10.5℃	11.0℃	11.5℃	12.0℃
30.0	62	60	58	56	54	52	50	48	47	45	43	42
29.5	62	60	58	56	53	51	49	48	46	45	43	41
29.0	62	60	57	55	53	51	49	48	46	44	43	41
28.5	62	59	57	55	53	51	49	47	45	44	42	41
28.0	61	59	57	55	53	51	49	47	45	43	42	40
27.5	61	59	56	54	52	50	48	46	45	43	42	40
27.0	60	58	56	54	52	50	48	46	44	43	41	39
26.5	60	58	55	54	52	50	48	46	44	42	41	39
26.0	60	57	55	53	51	49	47	45	44	42	40	39
25.5	60	57	55	53	51	49	47	45	43	41	40	39
25.0	59	57	54	52	50	48	46	44	43	41	39	38
24.5	59	56	54	52	50	48	46	44	42	40	39	37
24.0	58	56	54	51	49	47	45	43	42	40	38	37
23.5	58	56	53	51	49	47	45	43	41	40	38	36
23.0	58	55	53	51	48	46	44	42	41	39	37	36
22.5	57	55	52	50	48	46	44	42	40	39	37	35
22.0	57	54	52	50	47	45	43	41	40	38	36	35
21.5	57	54	51	49	47	45	43	41	39	37	36	34
21.0	56	53	51	49	46	44	42	40	39	37	35	33
20.5	56	53	50	48	46	44	42	40	38	36	34	33
20.0	55	52	50	48	45	43	41	39	37	36	33	32
19.5	55	52	49	47	45	43	40	39	37	35	33	32
19.0	54	51	49	47	44	42	40	38	36	34	33	31
18.5	54	51	49	46	44	41	40	38	36	34	32	30
18.0	53	50	48	45	43	41	39	37	35	33	31	30
17.5	52	50	48	45	42	41	38	36	35	33	31	29
17.0	52	49	47	44	42	40	38	36	34	33	30	28
16.5	51	49	46	44	41	39	37	35	33	31	29	28
16.0	51	48	45	43	41	38	36	34	32	30	29	27
15.5	50	48	45	42	41	38	35	34	32	30	28	26

通风干湿表不同干湿球温度差(Δt)条件下的空气相对湿度(%)

附表3 空气相对湿度查算表(利用通风干湿表) 131

续表

湿球温度 t'(℃)	通风干湿表不同干湿球湿度差(Δt)条件下的空气相对湿度(%)											
	6.5℃	7.0℃	7.5℃	8.0℃	8.5℃	9.0℃	9.5℃	10.0℃	10.5℃	11.0℃	11.5℃	12.0℃
15.0	50	47	44	42	39	37	35	33	31	29	27	25
14.5	49	46	43	41	39	36	34	32	30	28	26	25
14.0	48	45	43	40	38	35	33	31	29	27	25	24
13.5	48	45	42	40	37	35	33	30	28	27	25	23
13.0	47	44	41	39	36	34	32	29	27	25	24	22
12.5	46	43	40	38	35	33	31	29	27	25	23	21
12.0	45	42	40	37	35	32	30	28	26	24	22	20
11.5	45	42	39	36	34	32	29	27	25	23	21	19
11.0	44	41	38	35	33	30	28	26	24	22	20	18
10.5	43	40	37	34	32	30	27	25	23	21	19	17
10.0	42	39	36	33	31	28	26	24	22	20	18	16
9.5	41	39	36	32	30	27	26	23	21	19	17	15
9.0	40	37	34	32	29	26	24	22	20	18	16	14
8.5	39	37	33	31	28	25	23	21	19	17	14	13
8.0	39	35	32	29	27	24	22	19	17	15	13	11
7.5	38	35	31	29	25	24	20	18	16	14	13	10
7.0	37	33	30	27	24	22	19	17	15	13	11	9
6.5	36	32	30	26	23	21	18	16	14	12	10	
6.0	34	31	28	25	22	19	17	15	12	10		
5.5	34	30	27	24	21	18	16	14	11			
5.0	32	29	25	22	19	17	14	12	10			
4.5	31	27	25	21	19	15	13					
4.0	30	26	23	20	17	14	11					
3.5	28	26	22	19	16	12	10					
3.0	27	23	20	17	14	11						
2.5	26	22	19	16	12							
2.0	24	21	17	14	11							
1.5	24	19	15	13								
1.0	21	17	14	10								
0.5	20	16	13									

续表

湿球温度 t'(℃)	通风干湿表不同干湿球温度差(Δt)条件下的空气相对湿度(%)										
	6.5℃	7.0℃	7.5℃	8.0℃	8.5℃	9.0℃	9.5℃	10.0℃	10.5℃	11.0℃	11.5℃	12.0℃
0.0	18	14	10									
−0.5	17	12										
−1.0	15	10										
−1.5	13											
−2.0	11											

查表方法：

1. t'为湿球温度，Δt为干湿球温度差。

 例，干球温度 $t=19.0℃$，湿球温度 $t'=14.0℃$，干湿差 $\Delta t=5.0℃$

 查得空气相对湿度 $r=57\%$。

2. 表上没有湿球温度用靠近法查算，干湿差用内插法查算。

 例：干球温度 $t=20.5℃$，湿球温度 $t'=13.8℃$，干湿差 $\Delta t=6.7℃$。

 湿球温度 t'为13.8℃，靠近14.0℃，因此用 $t'=14.0℃$进行查算。干湿差 Δt为6.7℃，介于6.5℃和7.0℃之间。

 $t'=14.0℃$，$\Delta t=6.5℃$时，空气相对湿度 $r=48\%$

 $t'=14.0℃$，$\Delta t=7.0℃$时，空气相对湿度 $r=45\%$

 Δt相差0.5℃，r相差3%

 Δt相差0.1℃，r相差3%÷5=0.6%

 所以，当 $t'=13.8℃$，$\Delta t=6.7℃$时，空气相对湿度 $r=48\%-0.6\%\times 2\approx 47\%$。

附表 4 地面气象观测月报表

2012年3月中国气象局综合观测培训实习基地(南京)实习数据

日期	本站气压(0.1 hPa) 平均	本站气压(0.1 hPa) 最高	本站气压(0.1 hPa) 最低	平均海平面气压(0.1 hPa)	气温(0.1℃) 02时	气温(0.1℃) 08时	气温(0.1℃) 14时	气温(0.1℃) 20时	气温(0.1℃) 平均	气温(0.1℃) 最高	气温(0.1℃) 最低	平均水汽压(0.1 hPa)	相对湿度(%) 02时	相对湿度(%) 08时	相对湿度(%) 14时	相对湿度(%) 20时	相对湿度(%) 平均	平均云量(0.1成) 总	平均云量(0.1成) 低	蒸发量(0.1 mm) 小型	蒸发量(0.1 mm) E601型	地温(0.1℃) 0 cm 平均	最高	最低	5 cm	10 cm	15 cm	20 cm	40 cm	0.8 m	1.6 m	3.2 m	日照(0.1 h)
1	10160	10179	10126	10189	52	45	69	57	56	70	44	73	87	88	68	80	81	100	17	06	07	65	124	47	66	63	62	62	67	80	105	148	00
2	10194	10215	10152	10224	51	36	48	48	46	57	32	67	82	87	75	75	80	100	100	05	09	52	86	38	58	60	62	63	70	80	105	148	00
3	10208	10232	10188	10238	38	30	53	45	42	57	26	61	71	76	75	82	75	100	00	12	16	47	128	14	53	54	57	59	69	81	105	148	00
4	10161	10205	10122	10190	42	35	44	40	40	49	32	70	83	87	86	86	86	100	00	00	09	52	76	38	56	56	58	59	69	81	105	147	00
5	10116	10143	10088	10145	28	27	45	43	36	58	23	65	87	85	76	79	82	67	03	06	08	49	102	21	52	54	57	59	68	81	105	147	00
6	10156	10182	10119	10185	29	34	117	96	69	122	08	60	80	61	44	45	64	33	00	25	18	56	208	−10	65	62	61	60	74	81	105	146	35
7	10178	10199	10120	10207	64	51	58	57	58	96	43	52	61	52	52	59	56	100	33	21	15	60	109	36	64	66	69	69	74	83	104	145	00
8	10203	10219	10178	10232	42	40	80	67	57	87	31	55	78	78	48	44	62	83	33	16	19	75	141	31	65	64	65	66	75	83	104	145	00
9	10235	10254	10216	10265	47	40	70	49	52	75	35	54	73	74	45	57	62	67	20	24	—	77	172	33	69	68	69	69	75	83	104	145	11
10	10229	10253	10202	10258	14	36	112	75	57	118	−02	55	78	82	39	51	63	33	00	26	23	77	277	−27	73	72	71	70	76	84	104	145	32
上旬平均	10184	10208	10151	10213	41	36	70	58	51	79	27	61	78	80	60	66	71	78	17	14	14	60	142	22	62	62	63	64	71	82	105	147	08
11	10274	10296	10214	10304	38	36	63	33	43	83	24	46	72	66	35	50	56	67	00	29	28	56	196	−05	63	68	71	73	79	85	104	144	36
12	10277	10308	10245	10307	05	12	84	67	42	86	−05	31	63	39	24	33	40	47	00	35	33	77	282	−32	68	67	67	67	76	86	104	144	75
13	10227	10256	10198	10257	49	43	143	108	86	153	28	47	48	65	25	38	44	00	00	36	—	112	330	−05	94	89	85	81	78	86	104	144	95
14	10200	10217	10182	10229	83	86	191	148	127	195	62	52	49	61	16	29	39	33	00	56	02	153	382	17	116	108	102	96	86	87	105	144	83
15	10165	10207	10117	10193	113	107	105	111	109	147	94	89	44	65	83	82	69	100	67	29	17	105	152	84	106	105	105	104	94	90	105	143	00
16	10114	10130	10100	10143	106	98	105	94	101	112	93	102	87	84	78	81	83	100	67	07	10	108	144	91	108	106	104	102	96	94	105	143	00

续表

日期	本站气压(0.1 hPa) 平均	本站气压 最高	本站气压 最低	平均海平面气压(0.1 hPa)	气温(0.1℃) 02时	气温 08时	气温 14时	气温 20时	气温 平均	气温 最高	气温 最低	平均水汽压(0.1 hPa)	相对湿度(%) 02时	相对湿度 08时	相对湿度 14时	相对湿度 20时	相对湿度 平均	平均云量 总(0.1成)	平均云量 低(0.1成)	蒸发量(0.1 mm) 小型	蒸发量 E601型	0 cm 平均	0 cm 最高	0 cm 最低	地温(0.1℃) 5 cm	10 cm	15 cm	20 cm	40 cm	0.8 m	1.6 m	3.2 m	日照(0.1 h)
17	10112	10133	10091	10141	87	76	122	108	98	128	60	97	83	87	69	89	81	67	33	08	06	110	195	39	104	101	100	99	97	96	106	143	00
18	10164	10226	10090	10193	103	102	161	86	113	161	86	97	86	86	48	75	74	100	100	20	—	129	240	84	126	120	115	110	101	98	107	143	24
19	10202	10220	10178	10232	54	44	58	42	50	86	40	61	75	69	61	77	71	100	07	20	42	53	90	41	73	82	91	96	104	100	107	142	00
20	10212	10233	10187	10242	35	41	103	70	62	111	30	59	81	76	45	52	64	40	27	—	74	86	222	32	86	84	84	84	94	101	108	142	21
中旬平均	10195	10221	10160	10224	67	65	114	87	83	126	51	68	69	70	48	61	62	65	30	27	27	99	223	35	94	93	92	91	91	92	106	143	33
21	10192	10253	10126	10221	49	50	128	119	87	138	26	55	67	59	31	45	51	37	00	47	09	99	247	−05	92	88	88	88	96	100	109	142	—
22	10135	10154	10111	10164	96	71	66	58	73	119	58	81	62	86	87	86	80	90	80	31	—	77	103	63	85	88	91	93	99	100	109	142	00
23	10184	10200	10155	10213	49	52	115	99	79	134	45	67	85	82	57	39	66	57	3	27	15	84	178	47	83	82	83	84	94	101	109	141	20
24	10204	10229	10170	10233	53	84	166	114	104	174	45	50	59	39	26	40	41	00	00	55	08	115	294	−10	96	93	91	89	94	100	110	141	106
25	10201	10219	10178	10230	62	105	205	143	129	209	54	61	66	47	18	47	45	00	00	55	38	148	353	14	124	116	110	105	100	100	110	141	87
26	10207	10238	10173	10236	94	94	205	160	138	214	72	66	69	68	17	33	47	00	00	58	35	163	382	37	144	136	129	122	108	102	110	141	102
27	10189	10207	10174	10217	129	130	243	192	174	262	102	78	51	51	27	35	41	47	00	56	38	200	414	64	169	157	148	138	116	106	111	141	75
28	10202	10225	10180	10230	130	131	249	182	173	251	99	91	65	79	24	35	51	03	03	67	41	201	413	65	175	167	159	150	124	110	112	140	81
29	10157	10198	10132	10185	136	144	153	163	149	182	123	93	44	56	60	58	55	100	100	28	24	146	255	104	144	146	147	145	129	115	118	140	02
30	10159	10212	10122	10187	153	138	130	25	137	166	125	110	65	83	83	49	70	100	17	10	08	130	166	101	136	137	137	136	127	120	114	140	00
31	10214	10239	10183	10243	92	104	192	146	134	199	80	60	67	52	18	33	43	00	00	62	39	152	332	27	137	133	131	128	124	107	111	140	106
下旬平均	10186	10216	10155	10214	95	100	168	136	125	186	75	74	64	64	41	45	54	39	09	45	26	138	285	46	126	122	119	116	110	107	114	141	58
月计/月平均	10188	10215	10155	10217	68	68	119	92	88	132	52	68	70	71	49	57	62	60	19	29	22	100	219	35	95	93	93	91	91	94	107	143	33
月极值	气压最高 10308	气压最低 10088	日期 12	5	气温最高 262	气温最低 −05	日期 12	平均水汽压最大 110	平均水汽压最小 30	最小相对湿度 31	日期 12	14	16	414	27	地温最高 −32	地面 日数 ≤0.0℃ 12	候序 7	候平均气温	1	2	3	4	5